La promesse
des arbres

Du même auteur chez le même éditeur

La Vie secrète des arbres, version texte, Les Arènes, 2015
La Vie secrète des arbres, version illustrée, Les Arènes, 2015
La Vie secrète des animaux, Les Arènes, 2018
Le Réseau secret de la nature, Les Arènes, 2019
L'Homme et la nature, Les Arènes, 2020
Marcher dans les bois, Les Arènes, 2021

Titre original : *Der lange Atem der Bäume. Warum wir die Bäume mehr brauchen als sie uns*
© 2021 by Ludwig Verlag, une division de Penguin Random House Verlagsgruppe GmbH, Munich, Allemagne.

© Les Arènes, Paris, 2022 pour la version française
Les Arènes,
17-19, rue Visconti, 75006 Paris
Tél. : 01 42 17 47 80
arenes@arenes.fr
www.arenes.fr

PETER WOHLLEBEN

La promesse des arbres

Comment la forêt nous sauvera si nous la laissons faire

TRADUIT DE L'ALLEMAND PAR CORINNA GEPNER

LES ARÈNES

SOMMAIRE

Avant-propos 9

LA SAGESSE DES ARBRES

Quand les arbres se trompent	15
Mille ans d'apprentissage	29
La sagesse est dans la graine	43
Faire le plein en hiver	49
Des feuilles rouges contre les pucerons	57
Lève-tôt et lève-tard	67
Forêt : l'effet climatiseur	71
Quand il pleut en Chine	77
Égards et distances	85
Plaidoyer pour les bactéries	91

LES DÉGÂTS DE L'EXPLOITATION FORESTIÈRE

Dos au mur	103
Carnage dans la hêtraie	107
L'Allemagne cherche le super-arbre	111
Méfions-nous des bonnes intentions	125
Le chevreuil : un coupable idéal ?	137
Le loup, protecteur du climat	149
Le bois est-il vraiment écolo ?	155
À la caisse, s'il vous plaît	167
L'argument du papier toilette	175
Plus d'argent… moins de forêt	183
Intrigues en hauts lieux	193
Qu'y a-t-il dans votre assiette ?	205

LA FORÊT DU FUTUR

Chaque arbre compte	219
Doit-on inclure tout le monde ?	229
Un vent nouveau	237
La forêt revient	245
Remerciements	259
Notes	261

AVANT-PROPOS

Le destin des forêts et celui de l'humanité sont irrémédiablement liés, au sens propre. Cette perspective vous paraîtra peut-être sombre et angoissante, mais elle est en réalité source de grands espoirs. Les arbres forment des communautés sociales si performantes qu'elles font face aux changements climatiques actuels de nombreuses façons. Et ce n'est pas tout : les arbres sont notre meilleur allié pour chasser les gaz à effet de serre de notre atmosphère ; ils le feront toujours mieux que n'importe quel procédé technique. Enfin, ils rafraîchissent grandement le climat local et vont même jusqu'à augmenter sensiblement le volume des précipitations.

Tout cela, les arbres ne l'accomplissent pas pour nous, mais dans leur propre intérêt. Eux non plus n'aiment pas qu'il fasse trop chaud et trop sec mais, contrairement à nous, ils ont la possibilité de baisser le thermostat. Toutefois les hêtres, les chênes ou les épicéas par exemple ne sont pas nés avec ces facultés. Au cours de leur longue existence, les différentes espèces doivent apprendre à s'accommoder des changements. Toutes n'y parviennent pas, car, à l'instar des humains, ces grands végétaux sont très différents individuellement – ils n'apprennent pas tous au même rythme ou ne tirent pas toujours les bonnes conclusions de leurs expériences.

Au cours de notre périple dans la forêt, je vous montrerai comment observer les arbres en plein apprentissage ; pour quelle raison la perte de feuilles en été n'est pas nécessairement problématique pour les hêtres ou les chênes ; et à quoi on reconnaît les arbres qui ont opté pour la mauvaise stratégie.

La recherche a considérablement progressé dans ses efforts pour comprendre la vie secrète des arbres. Cependant elle n'est parvenue qu'à soulever très légèrement un coin du voile. Je prends pour exemple le rôle des micro-organismes comme les bactéries ou les champignons, qui est loin d'avoir été mis au jour, du simple fait que la majorité de ces espèces nous sont encore inconnues. Ces petits chenapans sont pourtant aussi importants pour les arbres que la flore intestinale pour les hommes – sans cette dernière nous ne pourrions pas vivre. Leur monde caché révèle de fascinantes découvertes prouvant que chaque arbre est à lui seul un écosystème, semblable à une planète peuplée d'une multitude de créatures étranges.

À grande échelle, on a aussi des surprises : on s'aperçoit que les forêts donnent naissance à de véritables fleuves aériens qui, grâce à des rubans nuageux, transportent l'eau dans les continents sur des milliers de kilomètres et font pleuvoir en des endroits qui autrement seraient des déserts.

Les arbres ne sont donc pas des êtres passifs, contraints de subir les changements climatiques provoqués par notre espèce. Au contraire, ils sont les créateurs de leur environnement et réagissent en cas de menace.

Néanmoins, pour pouvoir s'adapter, les arbres ont avant tout besoin de temps et de calme. Chaque intervention humaine dans la forêt fait faire un bond en arrière à cet écosystème et l'empêche de trouver un nouvel équilibre. Vous aurez peut-être vous-mêmes constaté les dégâts commis par la sylviculture moderne en voyant, au cours de vos promenades en forêt, les déboisements massifs de ces dernières décennies. Pourtant, il y a de l'espoir ! Partout où nous lui en laissons la possibilité, la forêt opère un retour puissant et rapide. Il nous faut juste reconnaître que les hommes ne sont pas capables de créer des forêts, mais tout au plus des plantations. Nous ne pouvons aider les arbres qu'à condition de nous écarter et de laisser la reforestation suivre son cours. En nous montrant humbles et optimistes à l'égard des capacités d'autoguérison de la nature, nous nous préparerons un avenir plus vert !

LA SAGESSE DES ARBRES

Quand les arbres se trompent

Lors des étés chauds et secs, les arbres sont confrontés à de sérieux problèmes. Ils ne peuvent pas se réfugier à l'ombre ni boire pour se rafraîchir et n'ont pas les moyens de réagir rapidement. Étant donné leur lenteur naturelle, il est d'autant plus important pour eux d'opter pour la bonne stratégie. Mais quelle est cette stratégie, et que se passe-t-il lorsqu'un arbre se trompe ?

Dans la Nordstraße à Wershofen, siège de notre Académie forestière dans la région de l'Eifel, le côté gauche de la rue est bordé par une rangée de marronniers d'Inde. Durant la sécheresse estivale de 2020, ceux-ci se sont comportés comme beaucoup d'arbres en Europe : au cours du mois d'août, leur feuillage s'est prématurément teinté de son coloris automnal. Il faut dire que, depuis un certain nombre d'années, les marronniers ont la vie particulièrement dure. En effet, peu avant l'an 2000, la mineuse du marronnier, qui progressait vers le nord, est arrivée à Wershofen.

Ce petit papillon marron clair vient de Grèce et de Macédoine, autrement dit des régions d'origine du marronnier d'Inde. Comme nombre de végétaux importés, cet arbre avait jusque-là mené une existence idyllique à

Wershofen, malgré le fait que les pays tels que l'Allemagne ne constituent pas un écosystème parfait pour cette variété – les températures sont un peu trop basses. Chez nous, toutefois, les marronniers s'étaient toujours portés comme un charme. Leurs parasites ne s'étaient pas répandus jusqu'à leur nouvelle patrie et il suffisait d'un peu plus de fraîcheur en hiver pour tenir la mineuse à distance.

Or, il y a quarante ans, la situation a commencé à changer. Les insectes volants ont suivi leurs proies en direction du nord et cela fait déjà un certain temps qu'ils se sont installés à Wershofen. Les mineuses se comportent comme le suggère leur nom : leurs larves creusent des galeries (ou mines) dans les feuilles. Pour ce faire, la mineuse dépose ses œufs à la surface, puis les larves s'enfoncent dans la feuille. De petites lignes brunes sinueuses indiquent les endroits où la progéniture de ce papillon se régale allègrement. Allègrement, parce qu'à l'intérieur des feuilles elle est à l'abri des oiseaux en quête de nourriture. Les zones évidées sèchent et, à mesure que les dégâts s'étendent, le feuillage se détériore au fil de l'été, d'autant que la première ponte est souvent suivie d'une seconde.

Les feuilles des arbres de la Nordstraße étaient donc déjà endommagées lorsque la sécheresse a frappé après une série de journées très chaudes. Quand cela se produit, les marronniers réagissent comme tous les arbres : ils commencent par suspendre la photosynthèse et attendent. Ils savent encore moins que nous combien de temps durera la période sèche, aussi vaut-il mieux ne pas céder à la panique.

Dans un premier temps, ils ferment leurs stomates, ces milliers de bouches minuscules situées sur la face inférieure de leurs feuilles. Ces ouvertures leur permettent de respirer, mais ce faisant, ils perdent – tout comme nous – de la vapeur d'eau. Celle-ci est utilisée par les arbres pour rafraîchir leur environnement, afin de rendre la chaleur brûlante de l'été plus supportable. Donc quand les racines signalent un défaut de ravitaillement en eau, les innombrables stomates se ferment. Or, si les feuilles cessent de respirer, c'en est fait de la photosynthèse, l'approvisionnement en dioxyde de carbone (CO_2) se tarit, la production de sucre avec l'aide de la lumière solaire devient impossible. Les arbres commencent alors à vivre sur les réserves qu'ils voulaient constituer en prévision de la dormance hivernale.

Même une fois les stomates fermés, il subsiste une évaporation minimale et, si la sécheresse persiste, l'arbre prend une deuxième mesure : il se débarrasse d'une partie de ses feuilles. Les marronniers procèdent du haut vers le bas, comme leurs autres collègues feuillus. Les premières à tomber sont les feuilles les plus éloignées des racines, celles situées dans les hauteurs du houppier. Transporter de l'eau jusqu'à cet endroit exige une énergie considérable, alors que l'arbre se doit d'économiser ses forces puisqu'il ne peut plus s'approvisionner. Si cela ne suffit pas, et s'il ne pleut toujours pas, la chute des feuilles se poursuit peu à peu jusqu'à ce que l'arbre se retrouve entièrement dépouillé dès le mois d'août.

En 2020, toutefois, les hêtres, chênes et marronniers de chez nous n'en sont pas venus à cette extrémité, à l'exception de rares individus. Ces non-conformistes, peut-être particulièrement craintifs, ont sans doute voulu jouer la carte de la sécurité. Peut-être aussi se trouvaient-ils sur un bout de terrain où le volume d'eau était particulièrement réduit. Quoi qu'il en soit, ils se sont retrouvés nus dès le mois d'août.

Or les marronniers, affaiblis par la mineuse, ne pouvaient pas se le permettre. Comme leurs feuilles parsemées de multiples zones brunâtres ne produisaient plus autant de sucre, ils étaient déjà affamés. À cela s'ajoutait l'altitude de leur emplacement : la Nordstraße est située à environ 600 mètres au-dessus du niveau de la mer et la rudesse du climat de l'Eifel fait le reste, aussi la période de végétation est-elle brève. Pour produire du sucre, c'est très juste, car il en faut assez pour couvrir non seulement les besoins courants, mais aussi le sommeil hivernal et le démarrage au printemps suivant. C'est un objectif difficile en soi pour ces marronniers qui vivent loin de leur terre d'origine. Et voilà que survenait en plus un troisième été sec d'affilée, qui avait manifestement épuisé les ultimes réserves hydriques du sol.

En temps ordinaire, lorsque survient une situation de ce type, les arbres peuvent tout simplement avancer la période de dormance au mois de septembre et se dépouiller alors de toutes leurs feuilles. C'est ce que font les hêtres dans mon district. Même quand ils ont l'air morts, ils renaissent toujours au printemps suivant et s'efforcent alors de rattraper ce qu'ils ont manqué l'année précédente. Les marronniers en sont eux aussi capables, mais les spécimens craintifs qui s'étaient dépouillés dès août 2020 avaient adopté cette stratégie beaucoup trop tôt.

Le 31 août, le dieu de la météo se montra compréhensif. Le ciel s'assombrit, mais seulement au-dessus d'une petite région à la périphérie nord de l'Eifel. Là, les nuages se vidèrent pendant des heures, déversant dans les 60 litres d'eau par mètre carré. Quantité largement insuffisante pour les sols desséchés, mais qui humidifia au moins un peu les premiers centimètres. J'espérais que cela permettrait aux arbres de souffler un peu. Or, au cours des jours qui suivirent, les marronniers dépouillés eurent une réaction qui me surprit et qui, à première vue, paraissait absurde : ils se mirent à fleurir. Quand on manque de sucre, on ne devrait pas mobiliser de l'énergie supplémentaire pour la reproduction, d'autant qu'en automne celle-ci ne peut aboutir. Même si les fleurs sont pollinisées, graines et fruits n'ont pas le temps de se développer pendant la brève période qui précède l'hiver.

Un groupe de futurs guides forestiers avec lequel je marchais en direction de l'Académie attira mon attention sur ce phénomène. En y regardant de plus près, nous découvrîmes immédiatement la clé de l'énigme. En plus des fleurs, les arbres avaient produit de jeunes feuilles. Les marronniers étaient affamés ! Cette verdure toute neuve leur permettait de refaire du sucre à la fin de l'été et de renouveler leurs stocks. Dans ce genre de situation, les arbres ne font apparemment pas la distinction entre bourgeonnement foliaire et bourgeonnement global, fleurs comprises. C'était précisément ce que nous observions.

Je tournai une petite vidéo avec mon portable et la postai sur ma page Facebook afin d'ouvrir la discussion. Il s'avéra qu'ailleurs aussi des marronniers semblaient adopter la même stratégie. En faisant des recherches sur Internet, je découvris qu'au cours des années précédentes des marronniers d'Inde avaient déjà fleuri en automne. Les explications avancées ne me parurent pas entièrement convaincantes. C'était, affirmait-on, en raison du stress provoqué par le réchauffement climatique et des dégâts commis par la mineuse et par des champignons. Voulant se reproduire en toute hâte avant leur mort, ils refleurissaient en automne[1]*.

À première vue, l'hypothèse semble logique, mais cela supposerait que les arbres soient incapables d'évaluer les saisons. Car comme nous l'avons vu, une floraison automnale ne peut évidemment pas produire de fruits. Ce comportement insensé conduirait donc à un gaspillage d'énergie

---

* Les notes de référence se trouvent en fin d'ouvrage, p. 261.

qui ne fait qu'aggraver la situation. Qui plus est, on sait depuis des décennies que les arbres se repèrent dans l'année à la longueur des journées et aux températures, et qu'ils identifient le cours des saisons comme nous le faisons, sans avoir recours au calendrier. Et c'est ici qu'intervient une autre hypothèse étrange : les marronniers s'embrouilleraient dans les saisons[2]. La sécheresse estivale, qui interrompt l'absorption d'eau et donc la photosynthèse, provoquerait chez les arbres une telle confusion que, au moment des pluies d'automne, ils se croiraient revenus au printemps.

Cette conclusion est plus qu'absurde. Cela revient à ignorer le processus sélectif de l'évolution. Si les marronniers d'Inde se laissaient si facilement troubler, alors qu'un été de sécheresse tous les vingt ou trente ans n'a rien d'anormal, comment les arbres seraient-ils parvenus à survivre plus de 30 millions d'années ? Si l'on se livre régulièrement à des dépenses d'énergie aussi insensées, on n'a plus la force de surmonter les crises et on tire sa révérence en tant qu'espèce.

Non, c'est la faim qui conduit à ce genre de réaction. Malheureusement, l'arbre ne peut pas s'arrêter en chemin : il ne suffit pas de produire de nouvelles feuilles (ainsi que des fleurs superflues), il faut ensuite travailler jusqu'au dernier moment afin de rembourser la dette d'énergie. Le processus d'éclosion requiert de la force, une force dont en réalité l'arbre ne dispose plus. Celui-ci mobilise ses ultimes réserves pour déployer une dernière fois ses panneaux solaires et fabriquer de la nourriture sucrée. Or, à elle seule, la pousse de feuilles ne suffit pas pour refaire le plein, car l'arbre se sert alors de bourgeons normalement prévus pour le printemps suivant. Comme ils ont été utilisés prématurément, si le marronnier ne veut pas se retrouver complètement nu l'année suivante, il doit en refaire immédiatement.

Et là encore ce n'est pas tout : comme les bourgeons et les feuilles sont toujours situés sur des branches nouvelles, l'arbre doit également reformer d'autres branches.

Par conséquent, un arbre nu dès l'été et pris d'une faim dévorante en automne est obligé de produire des branches et des bourgeons. Cela n'en vaut la peine que s'il reçoit en retour assez d'énergie pour pouvoir fabriquer un excédent de sucre pour l'hiver. Malheureusement, le temps, particulièrement en cette saison, travaille contre ces arbres désespérés. Dès septembre, les journées raccourcissent, ce qui réduit du même coup la période de photosynthèse. Puis, quelques semaines plus tard, des dépressions accompagnées de fortes pluies abreuvent le sol, mais cachent le soleil. Et comme si cela ne suffisait pas, les températures baissent et les premières gelées nocturnes s'annoncent.

Les autres marronniers de la Nordstraße ont montré l'exemple. Voici ce qu'un arbre doit faire en octobre : il doit retirer ses réserves nutritives de ses feuilles, lesquelles vont prendre des teintes jaunes et marron. Il ne faut pas traîner, car la première irruption de l'hiver avec des gelées nocturnes au-dessous de − 5 °C le contraint au sommeil hivernal. À ce stade, la chute des feuilles n'est plus possible et l'arbre a encore plus à perdre que sa précieuse matière foliaire. En effet, pour qu'un arbre puisse séparer ses feuilles des branches, il lui faut activement constituer une couche de séparation en liège. S'il est surpris par l'hibernation avant cela, il est condamné à conserver son feuillage brun. Et si une chute de neige abondante le charge d'un trop lourd fardeau, des parties entières de la couronne peuvent se briser, comme je l'ai souvent observé.

Les marronniers de la Nordstraße se sont donc comportés de façon exemplaire, à l'exception de ceux qui ont cédé à la panique. Arborant leur verdure toute neuve, ces derniers ont vaillamment tenu tête à la parure automnale de leurs congénères, puisque le bilan global de leur production de sucre était encore trop faible pour la saison. La chute des feuilles s'est produite beaucoup trop tard, après les premières gelées rigoureuses de la mi-décembre ! D'un point de vue statistique, nombre de ces arbres ne survivent pas à l'hiver et meurent avant même le débourrement* au printemps. Juste avant, le plus grand tour de force de l'année s'accomplit : l'eau remonte dans le tronc et fait éclore les bourgeons. C'est à ce moment-là que se décide le sort de beaucoup de ces arbres affaiblis.

Pour les marronniers de Wershofen, l'histoire s'est bien terminée : leurs bourgeons ont gonflé au printemps et, à la faveur d'un ultime effort, ils ont formé de nouvelles feuilles qui leur ont enfin permis de se ravitailler tranquillement.

Bien que le phénomène de la floraison et de l'apparition de feuilles en automne chez les marronniers se manifeste désormais partout, je ne l'ai encore jamais observé dans les hêtraies. En théorie pourtant, on pourrait tout à fait y trouver des spécimens isolés commettant la même erreur que les marronniers décrits plus haut. Pourquoi n'est-ce pas le cas ? La réponse réside peut-être dans une meilleure collaboration.

Les hêtres se ravitaillent mutuellement en solutions de sucre par l'intermédiaire de leur entrelacs de racines, aidant ainsi les individus affaiblis et affamés qui se trouvent dans une situation critique. Sans doute est-ce pour cela que ceux-ci n'ont pas besoin de refaire de nouvelles feuilles ni

---

* Le débourrement, ou débourrage, désigne la période d'éclosion des bourgeons à la fin de l'hiver. *(Toutes les notes de bas de page sont de la traductrice.)*

d'en passer par la photosynthèse ; ils peuvent dépendre de la communauté. Les marronniers plantés, en revanche, sont souvent situés sur une route de village isolée, loin d'une communauté forestière naturelle. Ils ne peuvent manifestement compter que sur eux-mêmes et sont contraints de lutter pour survivre sans l'aide de leur famille.

Alors que la réaction des feuillus à la sécheresse est très visible, celle des conifères est plus discrète. Rien d'étonnant à cela : en automne, la chute de leurs feuilles – les aiguilles – n'a rien de spectaculaire. En effet, les résineux ne lâchent que les aiguilles les plus âgées. Chez les pins, on observe toujours trois classes d'âge sur les branches : à l'extrémité, les aiguilles de l'année en cours ; derrière, celles de l'année précédente ; puis les dernières, qui ont trois ans. Les épicéas vont jusqu'à six classes d'âge, ce qui est le maximum. À ce stade, les aiguilles sont trop usées et elles tombent. Si l'on espérait de belles teintes automnales, on en sera pour ses frais.

Les conifères suivent donc le même processus que les feuillus et, comme eux, ils régulent leur consommation d'eau lorsqu'ils sont soumis au stress de la sécheresse. Ils commencent par interrompre la photosynthèse, puis se débarrassent d'une partie de leurs aiguilles afin de réduire leur surface d'évaporation. J'ai pu observer ce phénomène dans le jardin de notre maison forestière au cours des dernières années de sécheresse. Nous avions arrosé les parterres qui entourent la maison afin que tout ne se dessèche pas trop vite. Or les roses trémières et les herbes aromatiques n'ont pas été les seules à profiter de l'eau : les arbres situés autour en ont également tiré parti. Pendant la vague de chaleur d'août 2020, la plupart des vieux pins de 140 ans avaient l'air en pleine forme. En revanche, ceux qui n'étaient pas au bord des petites zones arrosées se sont débarrassés prématurément de toute une classe d'âge d'aiguilles. Visuellement, l'impression n'est pas du tout la même quand les branches portent des aiguilles de deux ou de trois classes d'âge. Lorsqu'il n'en reste que deux, les vieux arbres ont déjà l'air très déplumés. Le jardin, avec ses pins, s'était transformé en un laboratoire à ciel ouvert où je pouvais observer les arbres en train d'apprendre.

Jusque-là, nous nous sommes concentrés sur ce qui se passait à la surface du sol. Or, dans les périodes de sécheresse, d'importants processus se déroulent également sous terre, dans les racines, qui constituent sans doute l'organe le plus important de l'arbre. À leurs extrémités, on trouve des cellules qui, ensemble, fonctionnent comme une sorte de cerveau végétal[3]. Les racines se fraient un chemin dans l'obscurité, enregistrant en continu au moins vingt paramètres différents, en plus de l'humidité. La pesanteur, par exemple, entre également en ligne de compte : les délicates structures racinaires doivent rester sous la terre et non pousser vers le haut. Pour cela, elles reçoivent aussi l'aide de détecteurs de lumière – lesquels pourraient paraître superflus, puisque sous terre il fait toujours sombre. Cependant il arrive que les racines situées dans des talus, poussant vers le bas mais en diagonale, se retrouvent malencontreusement à l'extérieur. Il est donc utile qu'elles puissent percevoir la clarté et regagner au plus vite l'intérieur du talus. De même pour les éventuelles substances toxiques. Si les racines rencontrent dans le sol des éléments dangereux, elles se développent rapidement (à leur échelle) en contournant les zones problématiques. À partir de ce mélange d'informations sensorielles, les racines décident également du comportement général de l'arbre, par exemple de l'époque de sa floraison et du nombre de feuilles qu'il portera sur ses branches[4].

En cas d'été sec, les racines se concentrent évidemment en premier lieu sur l'humidité. Elles commencent à envoyer des signaux dans le tronc jusqu'aux feuilles afin que celles-ci ferment leurs minuscules bouches pour interrompre la production de sucre et donc la consommation d'eau.

Des chercheuses et chercheurs suisses ont découvert comment cela fonctionnait. En étudiant de jeunes hêtres en laboratoire et en simulant une sécheresse, ils ont pu établir que c'étaient bien les racines qui régulaient l'action des feuilles. Par temps sec, les racines réduisent la consommation de sucre – rien d'étonnant, elles ne doivent ni ne peuvent plus pomper de l'eau vers le haut. Comme elles ne réclament plus de liquide sucré, le sucre s'accumule plus haut dans les tissus, si bien que les feuilles, comblées, cessent à leur tour de produire des nutriments. Elles ferment leurs stomates et baissent le rideau. L'arbre n'en continue pas moins de vivre en consommant ses réserves. Ce faisant, il se met à absorber de l'oxygène et rejeter du gaz carbonique. Une forêt en proie au stress hydrique lors d'une sécheresse estivale n'est donc plus une source d'oxygène ! Une fois la sécheresse passée, il se produit un phénomène étonnant : les feuilles absorbent davantage de gaz carbonique qu'à l'ordinaire et produisent donc nettement plus de sucre. C'est un peu comme si les arbres se goinfraient à toute allure. Cet appétit leur permet de compenser au moins partiellement la période de sécheresse[5].

Mais que se passe-t-il au niveau des racines durant la sécheresse ? Pour pouvoir se déplacer dans le sol, elles doivent se développer sans relâche vers l'avant. En temps normal, les feuilles leur envoient en permanence un liquide nutritif. Or, quand la photosynthèse est interrompue ou que l'arbre se débarrasse de ses feuilles, la disette se profile.

C'est très risqué, car si les racines fines viennent à mourir, l'arbre ne pourra plus absorber autant d'eau, même au cours de la période de pluie qui suivra. Fait notable, l'équilibre de l'arbre se retrouve également compromis, ainsi que j'ai pu l'observer à la fin de l'année 2018.

C'était une journée pluvieuse et sans vent. Je m'apprêtais à me rendre à notre Académie et étais en train de chausser mes bottes en caoutchouc sur le pas de la porte quand j'ai entendu un curieux craquement. En regardant à l'angle de la maison, j'ai vu un vieux pin de 140 ans se pencher lentement, puis s'effondrer avec fracas sur une remise en bois. Je me suis précipité pour examiner l'assiette racinaire : les racines fines étaient gravement endommagées. Les étés secs ne portent pas seulement atteinte à la santé des arbres, mais aussi à leur stabilité.

Avant d'en arriver là, toutefois, les géants mobilisent toutes leurs réserves, dont certaines sont très anciennes. C'est ce qu'a établi une équipe de chercheurs finlandais, allemands et suisses. Ils ont étudié l'âge des racines fines, les racines les plus minces de l'arbre, en analysant le carbone qu'elles renfermaient. L'âge du carbone dans les tissus végétaux se détermine à partir de la proportion d'atomes radioactifs. Une infime partie des atomes de carbone de l'atmosphère, plus exactement un sur un billion, se transforme en atomes de carbone 14 sous l'effet du rayonnement cosmique. Leur demi-vie* est de 5 730 ans. Dans l'atmosphère, le carbone 14 est généré en continu, ce qui n'est pas le cas dans les tissus végétaux. Il s'y retrouve par le biais de la photosynthèse et se désintègre ensuite lentement. Sa part dans le carbone des plantes diminue ainsi de manière continue. L'âge d'un

---

* Temps nécessaire pour qu'une quantité donnée d'une substance perde la moitié de son activité.

tissu se déduit du rapport entre les atomes de carbone normaux et les atomes de C14. Dans le cas qui nous intéresse, cette analyse a donc permis aux chercheurs d'établir que les racines fines des arbres qui se trouvent dans nos forêts locales avaient en moyenne 11 à 13 ans.

Cela vous paraît un peu compliqué ? Aucun problème, on peut aussi vérifier l'âge des racines de manière beaucoup plus simple : en les coupant. Tout comme le tronc, en effet, les racines forment des cernes annuels lorsque leur diamètre augmente. Or le dénombrement des cernes a suscité une surprise de taille : les racines avaient dix ans de moins que ne l'établissait la méthode du C14. Autrement dit, elles avaient entre 1 et 3 ans. Et les cercles ne mentent jamais. La cause la plus vraisemblable de cet écart, d'après l'équipe de recherche, résidait dans la présence de réserves datant de plusieurs années dans les tissus de stockage des racines. Ces réserves vieillissent au même titre que les tissus végétaux et possèdent, si elles sont effectivement utilisées pour former de nouvelles racines fines, quelques années d'avance à l'heure moléculaire[6].

Les arbres emmagasinent des réserves, vous le savez déjà. Mais que celles-ci sommeillent dans leurs tissus durant un laps de temps qui peut aller jusqu'à dix ans avant que l'arbre ne les utilise, c'est là une chose que j'ignorais complètement.

Les chercheurs pensent que la constitution de racines fines à partir de substances nutritives entreposées de longue date serait une stratégie employée dans les situations critiques. En effet, pour pouvoir pleinement fonctionner, les racines fines doivent continuer à croître même pendant les années sèches. Quand la production de sucre est entravée par la sécheresse, les arbres disposant de réserves très anciennes sont donc avantagés.

Si le vieux pin de notre jardin est tombé, ce n'est pas nécessairement parce que ses racines fines étaient desséchées. Peut-être n'avait-il pas assez de rations d'urgence dans ses tissus de stockage, si bien que sa croissance souterraine s'était interrompue. Peut-être aussi n'avait-il tout simplement pas appris à gérer le budget du ménage – il avait claqué tout son sucre sans penser à faire des économies pour les périodes de restrictions. Une telle succession d'étés secs est tout à fait inhabituelle dans une région comme l'Eifel et, pour s'y habituer, il aurait fallu qu'il survive suffisamment longtemps.

Toutefois, les arbres sont capables d'apprendre à utiliser de bonnes stratégies, et ce par d'autres moyens que la dure école de la vie. Leurs congénères, notamment leurs parents, peuvent les empêcher de commettre des erreurs graves. Pour examiner cela de plus près, restons en 2020, dans le district de Wershofen, mais cette fois dans une hêtraie semi-naturelle.

Mille ans d'apprentissage

APPRENDRE TOUT AU LONG DE LA VIE N'EST PAS UNE INVENTION de la politique éducative moderne. Les arbres le font déjà depuis des millions d'années. Chez des êtres pouvant survivre plusieurs milliers d'années, l'apprentissage revêt une importance cruciale. Les organismes dotés d'une faible espérance de vie peuvent se reproduire fréquemment et en nombre, s'adapter rapidement en cas de nécessité par le biais de mutations génétiques. Certains micro-organismes, telle la bactérie de l'intestin *Escherichia coli*, ont même la capacité, lorsqu'ils bénéficient de conditions optimales, de doubler leur nombre toutes les vingt minutes[1] – autant dire que les arbres sont loin du compte. En fonction de leur espèce, les très grands végétaux peuvent mettre jusqu'à plusieurs siècles à atteindre la maturité sexuelle. Même des arbres à croissance très rapide, comme les bouleaux ou les peupliers, ont besoin de cinq ans pour connaître leur première floraison.

Par ailleurs, dans la forêt, le changement de génération doit être précédé d'une création de poste. Autrement dit, une mère-arbre doit d'abord mourir, laissant un trou dans la canopée au travers duquel la lumière et la pluie peuvent pénétrer sans encombre jusqu'au sol. C'est la condition *sine qua non* pour que les rejetons aient une chance de grandir à leur tour. Chez le hêtre, l'arbre local type de notre forêt primaire, cela prend entre trois cents et quatre cents ans. Il en faut autant pour provoquer une modification génétique chez un arbre menacé par le réchauffement climatique – ce qui est trop long.

Cependant l'expérience nous a appris que les mutations n'étaient pas le seul moyen de s'adapter aux changements qui affectent l'environnement. Au cours des derniers millénaires, l'homme n'a quasiment pas connu d'évolution génétique. Pourtant, nous avons bouleversé notre mode de vie en relativement peu de temps. Nos ancêtres engrangeaient de l'expérience et apprenaient à composer avec le changement. Ils ne s'adaptaient donc pas sur le plan génétique, mais comportemental. Voilà pourquoi notre espèce a pu coloniser les étendues glacées du Nord comme les savanes torrides. Pour les êtres dotés d'une longue existence, la clé de la survie réside donc dans l'apprentissage et la transmission du savoir acquis. Or c'est précisément ce que font les arbres, ainsi que vous pourrez le vérifier vous-mêmes lors du prochain été chaud.

Au cours des étés de sécheresse 2018 et 2019, les vieilles forêts de hêtres du district de l'Académie forestière se révélèrent d'une étonnante robustesse. Alors que, dans les plantations alentour, les épicéas et les pins mouraient et que même les vieux feuillus se débarrassaient de leurs feuilles dès le mois d'août, les zones protégées intactes offraient un tout autre spectacle. Sous les couronnes puissantes régnait une pénombre permanente et, même après plusieurs mois sans pluie, il y faisait encore agréablement frais et humide.

Mais la situation changea en 2020, lors du troisième été sec. Alors que, jusqu'en juillet, le scénario rassurant des années antérieures semblait se répéter, la vague de chaleur du mois d'août fut de trop. Les forêts se teintèrent de jaune et de brun sur des versants entiers et, en l'espace de trois jours, on observa une chute de feuilles massive. Il est très oppressant de marcher dans une forêt où des millions de feuilles se détachent des houppiers en plein été. Pour la première fois, j'ai commencé à éprouver des craintes pour l'avenir des hêtraies. C'étaient surtout les versants nord qui étaient touchés, c'est-à-dire les zones en principe les plus accueillantes. Or c'était là que les symptômes étaient les plus manifestes.

Sur les versants nord, la durée d'ensoleillement au sol est moins importante que sur les versants sud, car le sol bénéficie à la fois de l'ombre des arbres et de celle de la montagne. De ce fait, la température de l'air y est moins élevée et l'eau met plus de temps à s'évaporer. Au frais et à l'ombre : c'est là que les hêtres et les chênes se sentent vraiment bien. Et cela se constate aussi en termes de croissance. Au nord, les arbres peuvent devenir deux fois plus lourds qu'au sud, où la chaleur et la sécheresse font obstacle à la photosynthèse. Bref, les versants nord sont un paradis pour les arbres. Du moins ils l'étaient.

Les versants sud, en revanche, ont toujours été des zones sinistrées en ce qui concerne les besoins des arbres. Orientés de biais par rapport au soleil, tels de gigantesques panneaux solaires, ils sont exposés toute la journée à la chaleur de ses rayons. Dans ces endroits, la pluie s'évapore beaucoup plus vite tant des houppiers que du sol et, durant les torrides journées estivales, les hêtres et les chênes qui se trouvent de ce côté de la montagne sont à bout de souffle nettement plus tôt. Concrètement, le nombre de jours où les arbres des versants sud peuvent fabriquer du sucre par photosynthèse est très inférieur à celui des versants nord. On pourrait aussi le formuler de la manière suivante : les versants sud connaissent aujourd'hui les températures et les taux d'évaporation qui se généraliseront plus tard sur les versants nord au fil du réchauffement climatique.

Pourtant, le stress des arbres situés sur les pentes sud, visible à la coloration brune de leurs feuilles, fut moins marqué. L'été 2020 ne les épargna pas, mais en ascètes chevronnés ils se mirent en mode urgence au bon moment. Plongés dans une sorte de demi-sommeil, ils économisèrent de l'eau.

Sur les versants nord, en revanche, les chaleurs d'août frappèrent des arbres qui n'avaient manifestement pas vu venir la catastrophe. Lors de la sécheresse de 2019, l'humidité du sol à l'ombre était restée suffisante, et c'était encore le cas en juillet 2020. Mais cette fois-ci les ultimes réserves furent épuisées en un tournemain ; lors d'une chaude journée d'été, un hêtre adulte peut perdre jusqu'à 500 litres d'eau. En l'absence de pluie, un arbre qui n'appuie pas sur le frein à temps se retrouve avec en tout et pour tout de la terre poussiéreuse à son pied. Pour les racines, qui enregistrent l'apparition subite de la sécheresse, il est trop tard pour changer de stratégie. Impossible désormais de se montrer plus économe avec la précieuse humidité présente dans le sol : seule solution, le signal d'alarme.

Ce signal, tous les arbres des versants nord le tirèrent. La chute massive de feuilles ne fut rien d'autre qu'une mesure fébrile pour réduire la surface d'évaporation. La rapidité même des changements me fit mesurer le caractère dramatique de la situation. Se débarrasser d'une grande partie de son feuillage en seulement trois jours, c'est un rythme vertigineux pour un arbre. Comparons avec ce qui se passe en automne : tout débute lentement par la disparition de la chlorophylle, le pigment vert qui permet la photosynthèse. La chlorophylle est détruite et ses composants sont stockés dans les branches, le tronc et les racines pour l'année suivante. Cela évite d'avoir à repartir de zéro à grands frais. Le retrait de la chlorophylle fait apparaître dans la feuille les pigments jaunes qui y étaient cachés. Lorsque toutes les substances nutritives importantes ont disparu, l'arbre forme une couche de séparation en liège et la feuille tombe sur le sol. L'ensemble du processus se déroule tranquillement sur plusieurs semaines pour se clore en novembre.

La chute précipitée d'août 2020 était donc bien une véritable réaction de panique. Dans un premier temps, les hêtres tentèrent de procéder comme en automne, en conformité avec les règles si l'on veut. Mais ils remarquèrent vite que cela prenait trop de temps et trop d'eau. Dans ce genre de situations, lorsque l'arbre ne prend pas le virage au bon moment, il se dessèche et meurt.

Aussi les hêtres accélérèrent-ils la cadence en se débarrassant non seulement des feuilles marron (c'est-à-dire vides), mais aussi des jaunes et même des vertes. Quand un hêtre abandonne ses feuilles vertes, c'est que la situation est très critique. Un arbre qui jette les précieuses substances nutritives qu'elles contiennent au lieu de les récupérer pour les stocker (comme en automne) vit dangereusement. Au printemps suivant, il aura besoin de ses ultimes réserves pour sortir de son sommeil hivernal et fabriquer de nouvelles feuilles. Si une maladie quelconque ou une autre sécheresse surviennent, son énergie s'épuisera et il mourra.

En dépit de cette hâte, on discernait encore un semblant d'ordre dans le chaos des versants nord. D'abord, ce furent les feuilles des parties supérieures de la couronne qui tombèrent, puis, étape par étape, celles des branches plus basses.

Cette stratégie se révéla payante la plupart du temps. En effet, le vent tourna au nord et souffla de l'air humide sur les montagnes de l'Eifel. Les nuages déversèrent d'abondantes quantités de pluie sur ses versants, de quoi apaiser la soif des arbres. Ceux-ci interrompirent la chute de leurs feuilles, voire la retardèrent – un comportement caractéristique des arbres dont la faim n'est pas encore apaisée. Ces derniers jettent fréquemment le restant de leurs feuilles non pas en octobre mais en novembre, afin de pouvoir fabriquer encore un peu de sucre et se constituer des réserves pour l'hiver.

De loin, la situation des forêts souffrant de la sécheresse semble souvent plus dramatique qu'elle ne l'est réellement. Les feuilles extérieures de la couronne sont les premières à virer du vert au marron, si bien que les peuplements de hêtres et de chênes ont l'air passablement sinistres à première vue. Mais quand on se promène dans ces forêts, elles paraissent étonnamment pleines de vitalité. Lorsqu'on marche sous les frondaisons, on voit dominer le vert encore intense des feuilles de l'intérieur du houppier. En revanche, quand toutes les feuilles sont par terre dès le mois d'août, il est temps de s'inquiéter.

La plupart des arbres du versant nord de Wershofen survivront à ce choc. Et surtout : ils ont appris à mieux gérer leurs ressources en eau. Désormais, ils appuient sur le frein, boivent parcimonieusement et, au printemps, ne consomment pas toutes les réserves emmagasinées dans le sol après les précipitations hivernales. Ce changement de comportement se voit notamment au fait que le diamètre du tronc ne croît plus aussi vite. Même si, à l'avenir, il n'y a plus de sécheresses, les arbres demeureront fidèles à la stratégie qu'ils ont adoptée à la suite de cet événement traumatique. On n'est jamais trop prudent...

Un changement de comportement consécutif à de nouvelles expériences : c'est la définition de l'apprentissage. Apprendre est la principale stratégie de survie des êtres vivants au cours de leur croissance.

Or, pour certains végétaux, le processus d'apprentissage est encore bien plus complexe. Laissons les arbres pour un temps et penchons-nous sur les pois. Ces légumineuses présentent l'avantage incomparable d'être nettement plus faciles à manier en laboratoire que les chênes ou les hêtres. Là, dans l'univers artificiel recréé par les chercheurs, ces petites plantes livrent d'incroyables révélations. La biologiste Monica Gagliano, de Sydney, en Australie, dresse les pois à l'instar des chiens. Sans doute connaissez-vous le travail du médecin russe Ivan Petrovitch Pavlov, qui a étudié le comportement des chiens. Il remarqua que quand il donnait à manger à ces derniers, ils se mettaient à baver. Il se mit alors à faire sonner une clochette systématiquement avant de les nourrir. Assez rapidement, les chiens commencèrent à saliver au simple son de la clochette, et ce même lorsque Pavlov ne leur donnait rien ensuite. C'est ce qu'on appelle le conditionnement – deux stimuli complètement différents mis en relation à la faveur d'un même processus. Or les pois se laissent eux aussi conditionner !

Monica Gagliano enferma les plantes dans le noir afin qu'elles aient un peu faim. Puis elle les éclaira par intermittence à la lumière bleue. La lumière est l'énergie qui permet la photosynthèse, or les pois avaient désormais une faim de loup ! Leurs petites feuilles se dirigèrent aussitôt vers la source de lumière – un processus que vous avez peut-être déjà observé chez vos plantes d'intérieur. Il n'y avait là rien d'inhabituel, à cette différence près qu'une fois replongés dans le noir les pois ramenaient leurs feuilles dans une position neutre. Puis la chercheuse associa à l'éclairage un courant d'air qui intervenait avant l'apparition de la lumière. Enfin, dernière étape de l'expérience, le courant d'air fut produit dans l'obscurité sans être suivi de la lumière. Et, ô surprise : les plantes orientèrent leurs feuilles dans sa direction, attendant visiblement que la lumière se manifeste au même endroit. Elles étaient donc capables d'établir une relation entre la lumière et un stimulus sans aucun rapport avec la photosynthèse. Ou, pour le dire autrement : les pois possèdent une capacité d'association. Pour Monica Gagliano, cette capacité est sans doute présente dans de nombreuses plantes[2]. Ses recherches montrent que nos congénères végétaux peuvent apprendre des choses bien plus complexes que nous ne l'avions supposé. Leur faculté à s'adapter aux changements devrait donc elle aussi être supérieure à ce que nous imaginions. Sur ce, revenons aux arbres.

Les chênes pédonculés ont des troncs courts et épais, et des branches puissantes et noueuses. Certains spécimens particulièrement impressionnants, situés à proximité d'Ivenack (Mecklembourg-Poméranie-Occidentale), montrent quelle peut être la durée d'apprentissage chez un arbre. Ils ont entre 500 et 1 000 ans, et comptent ainsi parmi les plus vieux arbres d'Allemagne. Le tronc le plus imposant fait 3,49 mètres de diamètre et son volume est de 180 mètres cubes – autrement dit, 360 fois plus que l'arbre allemand moyen[3].

Parmi les forestiers, les vieux arbres ont la réputation d'être fragiles. On leur attribue peu de valeur, parce que leur bois est souvent victime de maladies fongicides qui en désagrègent l'intérieur et le rendent inexploitable en scierie. À quoi s'ajoute l'opinion communément répandue chez les professionnels que les vieux guerriers résistent particulièrement mal à la chaleur et à la sécheresse – aussi faudrait-il les abattre sans attendre afin de les remplacer par de jeunes arbres pleins de vitalité. Or tout ceci n'est qu'une fable élaborée par des chargés de com' pour justifier la coupe de gros et précieux troncs sans avoir à se soucier des récriminations de l'opinion publique. Voilà pourquoi on ne voit plus d'arbres d'un âge avancé dans nos forêts. On ne les trouve plus que dans les parcs, où l'on ne pratique pas la sylviculture et où l'on aime les arbres pour eux-mêmes.

Les chênes d'Ivenack avaient une existence difficile même avant le changement climatique. Dans ce genre d'endroit extrêmement aménagé, on ne retrouve pas un vrai climat de forêt. Ces individus auraient donc dû avoir une vie plus courte que les arbres vivant dans de véritables forêts. Pourtant, ce sont eux qui détiennent le record de longévité parmi nos chênes, ce qui s'explique notamment par leur capacité d'apprentissage.

Le spécimen le plus âgé a été étudié de près par des chercheuses et chercheurs. La tomographie* est un bon moyen d'observer l'intérieur d'un arbre sans rien détruire. L'examen a révélé que, sous une mince paroi extérieure, le colosse était creux et pourri. Alors que son diamètre était d'environ 3,50 mètres, l'épaisseur de la couche externe à peu près saine variait entre 6 et 50 centimètres. Par endroits, le tronc n'était même plus capable d'assurer sa fonction de soutien. Avec ce qui restait, l'arbre devait résister aux tempêtes, faire circuler l'eau dans son houppier, puis redescendre les substances nutritives dans les racines. Dans ces conditions, s'étonnera-t-on qu'en 2018, année particulièrement sèche, il ait eu l'air esquinté et se soit trouvé dans un état inquiétant ? À cela s'ajoute que les vieux guerriers sont situés dans une réserve naturelle où les mouflons et les

---

* La tomographie est une technique d'imagerie médicale.

daims répandent une grande quantité d'excréments sur le sol. Cette fertilisation azotée excessive n'est pas bonne du tout pour les arbres[4].

Inquiet, un groupe de chercheurs dirigé par le Pr Andreas Roloff s'est rendu auprès du plus vieux chêne en 2020, lors de la troisième sécheresse estivale consécutive, afin de voir comment il se portait. Il ne leur fallut pas longtemps pour constater qu'il allait bien ! D'après Roloff, le feuillage et les branches indiquaient que cet arbre était dans un état optimal pour son âge.

Afin de l'examiner de plus près, on se procura au lasso des échantillons de branches de la couronne. Les chercheurs constatèrent alors avec surprise que les pousses portaient des feuilles qui étaient celles du chêne rouvre, c'est-à-dire d'une tout autre variété d'arbres. Et ce n'était pas tout : outre les fruits, qui ressemblaient également à ceux du chêne rouvre, il y avait des feuilles qu'on trouve d'ordinaire sur les chênes des Pyrénées. Différentes essences de chênes réunies dans un seul arbre ?

Cela fait déjà un moment que, parmi les spécialistes des bois et forêts, des théories circulent. Il n'y aurait pas de chênes rouvres ou pédonculés, mais une espèce unique revêtant une apparence différente en fonction de sa localisation.

Les fruits du chêne pédonculé possèdent de longs pédoncules, d'où le nom de l'arbre. Ses feuilles sont légèrement différentes de celles du chêne rouvre, mais c'est surtout son implantation qui le distingue de son congénère. Alors que le chêne rouvre se rencontre dans des zones sèches de collines ou de montagnes, le chêne pédonculé est capable de supporter plusieurs mois d'inondations et préfère donc par nature les endroits de moindre altitude, comme les forêts rivulaires. C'est en tout cas ce que l'on croyait jusque-là.

Or, en forêt, les signes distinctifs en termes de feuilles et de fruits sont loin d'être aussi clairs : les deux espèces de chênes se mélangent allègrement et leurs rejetons créent toutes les formes intermédiaires imaginables.

Les recherches effectuées sur les chênes d'Ivenack font naître de tout autres réflexions. Peut-être ne s'agit-il absolument pas de deux variétés, mais d'une seule, laquelle développerait des formes d'adaptation différentes en fonction du climat. Des examens génétiques ont montré que les ancêtres des très vieux arbres d'Ivenack étaient revenus d'Espagne après la période glaciaire. S'il se remet à faire plus chaud et plus sec chez nous (comme dans leur patrie d'origine), ces différentes formes de feuille seraient peut-être la preuve d'une forme d'adaptation. Le fait que ces arbres aient pu récupérer après 2018, en dépit des deux années très sèches qui ont suivi, conforterait cette hypothèse[5]. En d'autres termes, il est possible que ces arbres se souviennent de la patrie de leurs ancêtres !

Autre possibilité : nous serions témoins de l'apparition d'une nouvelle essence d'arbre. « Témoins » n'est cependant pas à prendre au sens strict, car ce processus peut s'étaler sur des millénaires. Peut-être le chêne local se scinde-t-il en deux nouvelles espèces, le chêne pédonculé et le chêne rouvre. Mais cette hypothèse demeure un peu étrange, dans la mesure où les mélanges se multiplient par monts et par vaux ; comme les chênes pollinisent grâce au vent, leur pollen vole à des kilomètres jusqu'aux arbres suivants et il en découle un brassage permanent. Comment une nouvelle variété pourrait-elle se former si les résultats sont continuellement bousculés ?

La faune locale nous offre un exemple comparable avec le même type d'obstacles. Il s'agit des corneilles noires, qui sont probablement sur le point de générer une nouvelle espèce. Elles aussi peuvent parcourir de longues distances et se reproduire avec les corneilles d'autres contrées. Pourtant, une variante se distingue, caractérisée par sa couleur : la corneille mantelée. Des études génétiques ont montré que les corneilles noires et les corneilles mantelées constituaient une seule et même espèce, et qu'elles s'accouplaient à tout-va. Cependant on ne les rencontre pas avec la même fréquence selon les endroits. Par exemple, on ne trouve pas de corneilles mantelées dans les forêts situées aux alentours de Wershofen, alors qu'à l'est de l'Elbe on ne voit souvent que des corneilles mantelées et non des corneilles noires.

Bien que les corneilles noires et mantelées puissent constituer des couples mixtes, cela reste plutôt rare. C'est lié à un phénomène que nous observons également chez nos poules, voire chez nos chèvres : les animaux de même couleur s'attirent davantage. De ce fait, les corneilles mantelées se maintiennent en tant que population propre et évolueront probablement vers une espèce distincte.

Chez les chênes, cette attirance ne fonctionne évidemment pas – le pollen ne peut pas distinguer les fleurs femelles sur lesquelles il préférerait atterrir. Il se pourrait donc que l'explication réside dans la capacité d'adaptation au lieu d'implantation et au changement climatique, signalée par une différence dans l'aspect des fleurs et des fruits. En ce qui me concerne toutefois, la théorie des deux espèces ne me paraît guère plausible.

Par ailleurs, les études menées sur les chênes d'Ivenack ont également montré que même les arbres les plus anciens étaient encore capables de s'adapter à des conditions environnementales différentes. Comme vous le savez peut-être si vous avez lu mon ouvrage *La Vie secrète des arbres*, les arbres peuvent apprendre et stocker pendant longtemps le savoir acquis. Si cet apprentissage dure mille ans, ils devraient savoir bien mieux que leurs congénères fraîchement plantés comment réagir en cas de sécheresse estivale. Les résultats des études conduites par les chercheurs ne peuvent que nous inciter à laisser enfin aux arbres de nos forêts la possibilité de vieillir tranquillement.

Lorsqu'on apprend tout au long de sa vie, on accumule un certain savoir. Ce savoir, l'homme le conserve dans des livres ou des ordinateurs. À l'époque où ceux-ci n'existaient pas encore, la transmission se faisait par oral. Mais qu'en est-il des arbres ? Leur expérience et leurs connaissances meurent-elles avec eux ? C'est ce que l'on a longtemps cru, jusqu'à ce qu'une nouvelle discipline scientifique s'empare du sujet et montre que les arbres transmettent eux aussi leurs acquis à la génération suivante.

La sagesse est dans la graine

DANS LA FORÊT, PLUS EXACTEMENT DANS LES ENTREPRISES forestières, tout est sens dessus dessous. Comment préparer les arbres au changement climatique, à la chaleur et aux périodes de sécheresse ? Certes, ils sont capables d'apprendre, mais, en termes d'adaptation génétique, ils sont, hélas, extrêmement lents. Les mutations, c'est-à-dire les modifications du patrimoine génétique et donc des propriétés d'une espèce, ne peuvent apparaître que chez la génération suivante. Or, dans une forêt naturelle, celle-ci ne prend le relais qu'à la mort d'un arbre, ce qui, en fonction du type d'arbre, peut durer jusqu'à six cents ans. C'est évidemment beaucoup trop lent quand le climat, lui, change à un rythme vertigineux.

Un grand nombre d'animaux – le lièvre, par exemple – sont bien mieux lotis à cet égard. Le lièvre se reproduit à une telle cadence que la hase peut tomber enceinte alors qu'elle l'est déjà. Ainsi, trois ou quatre portées par an représentent autant d'opportunités de variations et d'adaptations génétiques. Mais puisque les mutations ne s'effectuent pas de manière ciblée, elles ne sont pas particulièrement efficaces en termes de modifications – en fin de compte, ce ne sont que de simples erreurs de lecture du code génétique survenant au cours du processus de reproduction. La plupart des mutations restent donc sans effet et, à supposer qu'elles en aient, elles peuvent aussi aller dans le mauvais sens. Avant que ce mécanisme ne produise par hasard des arbres mieux adaptés, il peut s'écouler des milliers d'années. Ne vaudrait-il pas mieux supprimer le hasard et accélérer le processus ? C'est en tout cas ce que fait l'homme : il transmet son expérience oralement ou par écrit à la génération suivante, laquelle peut contourner le biais de la mutation en changeant tout simplement ses habitudes de vie. Les arbres, eux, n'ont pas d'écriture, du moins pas au sens classique du terme. Ce qui ne les empêche pas d'écrire des « messages » à leurs descendants dans leur patrimoine génétique. Avant d'examiner comment ils s'y prennent, intéressons-nous au passé, notamment aux années qui ont suivi la Seconde Guerre mondiale.

Il y a encore quelques décennies, on pensait que les modifications génétiques ne pouvaient être le résultat que de mutations et non de l'expérience, par exemple. Mais la Seconde Guerre mondiale allait bouleverser cette vision des choses. Durant l'hiver 1944-1945, de nombreux Néerlandais souffrirent de la faim en raison de la disette causée par la répression allemande. Or, manifestement, certaines femmes enceintes à l'époque transmirent cette expérience à leur futur enfant, dont le métabolisme fut programmé pour répondre à une situation de pénurie alimentaire. Dans la période de l'après-guerre, le retour de l'abondance fut à l'origine de problèmes de santé accrus au sein de ce groupe de population ; disposés génétiquement à stocker les réserves de graisse en prévision d'un manque à venir, ces individus montrèrent une tendance à l'obésité et à d'autres maladies liées au style de vie plus élevée que chez la moyenne des Néerlandais[1].

Les gènes ne sont pas les seuls à déterminer notre apparence et nos fonctions, c'est ce que montre chacune des cellules de notre corps. Elles contiennent toutes le plan de construction de l'individu dans son intégralité sous une forme compacte, enroulée. Étiré, l'ADN fait deux mètres de long, et contient sur le plan moléculaire une multitude d'informations qui ne sont que partiellement utilisées selon l'endroit du corps concerné. Les cellules de nos mains ont une autre forme que celles de notre cerveau. Dans ces conditions, comment le corps fait-il, lors de la croissance ou de la cicatrisation, pour que le type de cellule nécessaire se forme uniquement là où nous en avons besoin ? C'est là qu'intervient l'épigénétique, c'est-à-dire les processus déterminant quelles parties des gènes doivent être activées ou désactivées. On pourrait se représenter notre ADN comme un dictionnaire contenant tout le savoir nécessaire à la construction de notre corps et à son fonctionnement. Les processus épigénétiques seraient en quelque sorte des marque-pages aidant à n'ouvrir que les pages qui doivent être lues.

Ces marque-pages sont créés au moyen de molécules de méthyle, qui se fixent sur le code génétique et le modifient. Les modifications sont également influencées par les expériences que l'on fait dans la vie, comme l'illustre l'exemple de l'hiver de famine aux Pays-Bas.

Les arbres possèdent la même faculté de transmission des expériences, ainsi que l'ont montré des chercheurs de l'université technique de Munich en étudiant un très vieux peuplier. L'arbre, âgé de 330 ans, s'était continuellement adapté aux changements de son environnement, tels que les sécheresses ou les variations de température, ce qui apparaissait très clairement dans ses gènes. Comment sait-on que les gènes de cet antique peuplier se sont modifiés ? C'est tout simple : il suffit d'examiner des feuilles très éloignées les unes des autres sur une même branche. Avec les années, les branches s'allongent et vieillissent. Les parties les plus anciennes sont situées près du tronc, là où la branche s'est formée, les plus récentes à son extrémité. Par conséquent, si au fil des siècles le peuplier apprend de ses expériences et modifie ses gènes de façon épigénétique, on devrait retrouver les modifications les plus importantes à l'extrémité des branches.

C'est bien ce que constatèrent les chercheurs : plus les feuilles de la branche concernée étaient distantes les unes des autres, plus il y avait de différences entre elles au niveau des « marque-pages ». Chez le peuplier étudié, les modifications devaient être survenues jusqu'à dix mille fois plus rapidement que les mutations produites au fil des générations. Par ailleurs, on sait que, souvent, les arbres transmettent ces innovations (ou expériences) accumulées non seulement à leurs descendants directs, mais aussi sur de nombreuses générations[2]. Et comme ils se reproduisent annuellement, ils peuvent engendrer chaque année des rejetons dotés de nouvelles caractéristiques adaptées au contexte environnemental.

Comment peut-on prouver que les jeunes arbres ont effectivement appris quelque chose de leurs parents ? Ce type d'études est fastidieux mais pas compliqué. Des chercheuses et chercheurs suisses de l'Institut fédéral de recherches sur la forêt, la neige et le paysage ont irrigué dès 2003 diverses zones de la forêt en vue d'expériences sur les pins sylvestres. Ces arbres ne manquaient de rien, ils étaient « choyés ». Dix ans plus tard, les scientifiques ont cessé d'alimenter en eau une partie de la forêt. Après quoi, ils ont recueilli des graines provenant des arbres privilégiés et de ceux qui avaient été soumis au régime sec, et les ont semées sous serre. Qu'ont-ils observé ? Les rejetons des mères-arbres qui avaient continué d'être approvisionnés en eau supportaient la sécheresse beaucoup moins bien que ceux des pins qui avaient été privés de leur ration supplémentaire. Ce fut là une des premières preuves que les arbres lèguent leur savoir à la génération suivante[3].

Une expérience similaire fut menée avec des arbres que l'on fit voyager : on planta des épicéas autrichiens en Norvège. Quand ils eurent atteint leur maturité, ils se reproduisirent. Et là aussi, on observa le même effet d'apprentissage chez la génération suivante : la progéniture des arbres plantés montrait une résistance au gel comparable à celle de ses collègues norvégiens. Du reste, l'apprentissage a fonctionné également dans l'autre sens : des épicéas norvégiens plantés dans des contrées plus méridionales se sont adaptés au climat plus chaud. Et leurs descendants n'étaient plus aussi résistants au froid que les mères-arbres[4].

L'hypothèse selon laquelle, chez les arbres, les changements mettent une éternité à s'accomplir en raison de leur longue durée de vie et du temps qu'il faut pour qu'apparaisse une nouvelle génération ne s'est donc pas confirmée. Les parents-arbres continuent d'apprendre jusqu'à leur dernier souffle, et peuvent transmettre *via* leurs graines les stratégies d'adaptation les plus récentes. Grâce à l'épigénétique, les générations suivantes n'ont donc pas à reprendre tout depuis le début et s'épargnent de commettre elles-mêmes toutes les erreurs. À cet égard, le grand âge des mères-arbres, loin d'être un handicap, représente au contraire un atout de poids : la sagesse de l'arbre vient avec les siècles et sa descendance s'en trouve mieux adaptée à son environnement. Revenons-en alors au lièvre et à son intense activité reproductrice : sa durée de vie est de dix ans maximum, ce qui ne lui permet pas de transmettre grand-chose à ses rejetons par le biais de l'épigénétique. De ce point de vue, les arbres sont clairement avantagés.

Comme nous l'avons vu, ce sont les extrémités des branches qui montrent le mieux ce que l'arbre a appris au cours de sa vie ; les plus jeunes pousses d'un vieux spécimen concentrent toutes les connaissances accumulées. Dans le cas du chêne d'Ivenack, il faut compter un millénaire. Les surprenantes modifications observées dans les feuilles, qui signalent la transformation du chêne pédonculé (qui aime plutôt l'humidité) en chêne rouvre (plutôt amateur de sécheresse), sont présentes essentiellement dans les branches supérieures du houppier – les plus jeunes. Il serait intéressant de savoir si les glands qui poussent sur ces branches produisent de jeunes arbres mieux adaptés à la sécheresse que ceux qui se trouvent sur les branches plus anciennes. C'est en tout cas ce que laisseraient penser les recherches actuelles. Cela prouverait également que les essences d'arbre peuvent s'adapter au réchauffement climatique bien plus vite qu'on ne l'avait pensé. Quant à savoir si leur rapidité d'adaptation est suffisante, cela dépend évidemment du rythme auquel s'effectue l'évolution du climat provoquée par notre destruction effrénée de l'environnement.

Les hêtres et les chênes aiment la fraîcheur et l'humidité, aussi sommes-nous inquiets du nombre croissant d'étés secs. Malheureusement, il se pourrait que la sécheresse ne soit pas leur problème principal.

Faire le plein en hiver

QUAND IL N'Y A PAS DE VENT ET QUE L'HUMIDITÉ EST SUFFISANTE, je ne me fais pas de souci pour les arbres. Lors des intempéries hivernales, j'observe avec inquiétude les couronnes qui ploient et gémissent, en espérant qu'il n'y aura pas trop de casse. Lorsque arrivent la chaleur et la sécheresse estivales, je pense aux épicéas qui ont soif et subissent en plus les assauts des bostryches*. Et je reste inquiet même lorsque survient, durant la saison chaude, un orage qui promet enfin suffisamment de pluie. Lors des orages d'été et des bourrasques brèves mais violentes qui les accompagnent souvent, chênes et hêtres ont encore toutes leurs feuilles et ploient terriblement sous le vent. C'est généralement à ce moment-là que les feuillus tombent ou se cassent.

    Comme vous le voyez, un forestier trouve toujours matière à se faire du souci. En ce qui concerne la sécheresse estivale, une équipe de l'École polytechnique fédérale de Zurich (ETH) a pu me rassurer un peu. Les chercheuses et

---

* Coléoptère à la carapace brun-rouge, qui s'en prend particulièrement aux épicéas.

chercheurs ont examiné 182 sites forestiers suisses afin de déterminer de quelle saison provenait l'eau absorbée durant l'été par les hêtres, les chênes et les épicéas. La première réponse qui vient à l'esprit serait : « De l'été, bien sûr ! » Or, fait surprenant, l'eau datait essentiellement de l'hiver. Ce qui est déterminant, c'est donc moins la quantité de précipitations qui tombe durant les mois chauds que celle survenant à la saison froide. Mais avant de réfléchir aux conséquences de cette découverte, interrogeons-nous sur sa méthodologie.

Pour commencer, il faut pouvoir différencier les pluies d'hiver et d'été. Pour ce faire, les scientifiques ont introduit des lysimètres dans le sol, un dispositif qui leur a permis de recueillir l'eau présente sous terre jusqu'à une profondeur de 120 centimètres. Les précipitations d'hiver ont une autre signature chimique que celles de l'été et sont liées à d'autres structures du sol. Mais comment savoir celles que l'arbre utilise ? C'est très simple : il suffit d'étudier la signature de l'eau dans les branches du houppier – ce fut moins simple pour les techniciens, obligés de prélever les échantillons en étant suspendus à un hélicoptère. Résultat des courses : les hêtres et les chênes boivent de l'eau hivernale même en été, tandis que les épicéas sont manifestement indifférents en ce domaine.

En toute logique, on pourrait penser que les arbres privilégient l'eau tombée en hiver parce que les pluies sont moins nombreuses l'été. Or ce n'était pas le cas sur les sites étudiés en Suisse : là-bas, près de 58 % des précipitations annuelles ont lieu pendant la saison chaude. Sans compter qu'il ne devrait pas y avoir de différences de comportement entre les diverses essences d'arbres.

D'après les chercheurs, l'explication est la suivante : les chênes et les hêtres absorbent surtout l'humidité présente dans les minuscules pores de couches plus profondes du sol, tandis que les épicéas se servent davantage dans de plus grandes cavités – et ce, sur la même surface boisée. Ainsi, les différentes espèces se marchent moins sur les pieds qu'on ne l'aurait cru, même quand leurs racines se trouvent à la même profondeur. C'est aussi l'occasion d'expliquer plus facilement de quelle manière on peut distinguer les précipitations de l'hiver et de l'été dans le sol. Alors que les pluies d'été sont immédiatement absorbées par les végétaux et s'évaporent, celles de l'hiver pénètrent lentement dans les plus petites cavités jusqu'à ce que celles-ci soient entièrement imbibées[1]. À cette période de l'année, les arbres dorment tous et la consommation d'eau est quasi nulle. En fonction de la nature du sol, jusqu'à 200 litres d'eau par mètre carré peuvent ainsi être accueillis et stockés[2].

Ces découvertes soulignent deux points importants. Pour savoir comment se portent nos forêts locales de feuillus, il faudrait examiner de plus près les précipitations hivernales. Celles-ci s'amoindriront nécessairement du simple fait que les hivers raccourcissent en raison du réchauffement climatique. Les données de l'Umweltbundesamt, le Bureau fédéral de l'environnement, montrent que, depuis 1961, la saison froide a déjà diminué de quatorze jours[3].

L'autre problème, c'est la destruction des pores du sol par des abatteuses pouvant peser jusqu'à 70 tonnes. Le plancher forestier, fragile, réagit comme une éponge comprimée. Mais à l'inverse de l'éponge, il ne retrouve pas – plus jamais – son état initial. Partout où se trouvent les voies de circulation, l'eau ne peut plus s'infiltrer dans le sol, si bien qu'en hiver les arbres ne font plus le plein comme il faudrait.

En revanche, en temps normal et quand le sol est intact, la réserve d'eau constituée en hiver offre un apport appréciable en période sèche – c'est un réservoir dont les arbres font usage tout l'été.

La chute des feuilles en automne apparaît alors sous une tout autre lumière. Jusque-là, on pensait qu'elle visait essentiellement à éviter une surcharge de poids sur les branches. Comme nous l'avons vu, la neige mouillée, par exemple, pèse très lourd sur les branches feuillues, et peut vite représenter un fardeau excessif susceptible d'entraîner la chute de grosses branches, voire celle de l'arbre tout entier. Qui plus est, un arbre sans feuilles est nettement mieux armé contre les tempêtes, parce qu'il n'offre quasiment pas de prise aux bourrasques.

La recherche actuelle a montré que la chute des feuilles pouvait aussi être causée par le phénomène de l'interception. Le terme fait référence à la partie des précipitations retenue dans le houppier – et elle est considérable ! Cette eau présente sur les feuilles s'évapore directement sans atteindre le sol. Elle est perdue pour l'arbre. En réalité, seules des pluies plus abondantes peuvent véritablement étancher sa soif, du moins l'été. Il semble donc judicieux de « se déshabiller » pour la période de dormance, puisque de toute façon les feuilles ne sont pas utilisées. Cela permet aux gouttes de pluie de tomber sur le sol sans rencontrer d'obstacles.

L'été, la situation est très différente. La forêt est la forme de végétation qui compte le plus de pertes d'eau de pluie. En hauteur se trouvent jusqu'à 27 mètres carrés de surface de feuilles ou d'aiguilles par mètre carré au sol[4]. Ce n'est que lorsque ces dernières sont complètement trempées que les précipitations suivantes atteignent le sol. À cet égard, les différentes variétés d'arbres ne connaissent pas le même destin selon les saisons. Alors qu'en été tous les arbres retiennent une quantité similaire de pluie dans leur couronne, l'hiver, il y a des différences considérables. Chez les hêtres, les chênes et autres feuillus, l'eau qui atterrit sur les branches est dirigée vers le tronc par les ramifications obliques comme dans un entonnoir pour être précipitée en petits torrents le long de l'écorce jusqu'aux racines. Il en va tout autrement chez les épicéas et les pins, pour lesquels tout se passe comme en été. Même durant la saison froide, entre 30 et 40 % des précipitations restent dans la couronne. Chez les feuillus, alors dénudés, la proportion d'eau retenue tombe au-dessous de 8 %[5].

Que devient cette eau ? Elle s'évapore depuis les branches, les aiguilles et les feuilles, mais ne sera perdue que pour la forêt concernée ; en effet, elle peut entraîner ailleurs la formation de nouveaux nuages de pluie qui abreuveront d'autres forêts. Ce phénomène, insignifiant pour l'ensemble de l'écosystème forestier, ne l'est donc pas sur le plan local. Individuellement, seul compte pour un arbre ce qui parvient *in fine* dans le sol et, par là, dans ses racines. Autrement dit, dans les forêts de résineux, cela représente deux tiers de ce qui est déversé par les nuages au-dessus des arbres. Dans ces conditions, pourquoi les épicéas et les pins font-ils la « bêtise » de conserver leurs aiguilles en hiver ? L'eau est pourtant l'élixir de vie numéro 1 ! La réponse se trouve dans leur patrie d'origine, au sein de la ceinture de conifères située au nord de la planète. Là-bas, les étés sont courts et les hivers longs. Former de nouvelles feuilles au printemps et s'en débarrasser en automne laisserait peu de temps à l'arbre pour produire du sucre par photosynthèse. Non, dans ces contrées, on préfère demeurer en stand-by et ne démarrer que lorsque les températures le permettent.

Pour parvenir jusqu'aux racines, l'eau de pluie doit traverser les feuilles ou les aiguilles répandues sur le sol, où elles forment souvent d'épaisses couches. Heureusement, le feuillage des arbres locaux se décompose facilement.

L'armée des créatures qui vivent sur le sol se précipite avec appétit sur cette biomasse qui tombe par terre et l'engloutit en un temps record. Dans les forêts allemandes, la masse de feuilles et de branches consommées atteint 5 tonnes par an et par hectare. Et, sur la même superficie, le nombre de feuilles se chiffre en millions. Un seul hêtre peut jeter un demi-million de feuilles, lesquelles forment à son pied une couche pouvant aller jusqu'à 10 centimètres d'épaisseur[6]. En fonction de la qualité du sol, cette couche est consommée en l'espace de un à trois ans jusqu'à ce qu'il ne reste plus qu'un humus friable. Celui-ci est un des principaux réservoirs d'eau du sol, si bien que le feuillage ainsi recyclé constitue en quelque sorte la citerne des arbres.

Dans les monotones plantations d'épicéas et de pins, cela fonctionne beaucoup moins bien. On a tendance à accuser l'acidité des aiguilles, qui couperait l'appétit aux organismes vivant sur le sol. Pour ma part, je pense que cette nourriture riche en terpènes et en résine ne leur convient pas vraiment.

La pluie qui parvient jusqu'au sol sans avoir été retenue par la dense couronne des pins et des épicéas se retrouve alors face à un autre obstacle : les aiguilles tombées au fil des années ont souvent formé un épais tapis. J'ai fréquemment constaté qu'il avait l'air imperméabilisé et que l'eau tombée après une longue période de sécheresse perlait dessus au lieu de le traverser. Rien d'étonnant à ce que tant de plantations rendent l'âme avec la multiplication des périodes de sécheresse. D'autant que, à l'inverse des hêtres et des chênes, les épicéas ont besoin de ces précipitations estivales.

Concernant la nappe phréatique, la question déterminante est de savoir sous quel type de forêt elle se trouve. En effet, n'arrive dans les profondeurs que ce qui a subsisté au terme de toute une série de processus. Nous l'avons vu, avant que s'infiltre ne serait-ce qu'une goutte, beaucoup d'eau s'évapore dans le houppier, puis une partie s'écoule sur la terre et pénètre enfin dans l'humus et le sol pour y être emmagasinée. Sans oublier le volume d'eau dont un arbre adulte a besoin pour lui-même : par une chaude journée d'été, il peut boire jusqu'à 500 litres. La nappe phréatique ne récolte donc que les miettes, ou plutôt les gouttes, et ce reste varie considérablement en fonction du donateur. Comparées aux plantations de pins, les hêtraies naturelles sont de véritables bienfaitrices, elles laissent ruisseler trois à cinq fois plus d'eau que leurs collègues résineuses[7].

Il y a une exception parmi les conifères : le mélèze. Il est chez lui dans les régions montagneuses d'Europe et c'est le seul résineux local à se dépouiller en automne, tout comme les feuillus. On l'ajoute souvent dans les plantations d'épicéas et de pins, où il n'est pas non plus à sa place. Il marque toutefois un peu plus de points que ses compagnons. Sa couronne dépouillée en hiver offre aussi peu de prise aux intempéries que celles des feuillus et laisse filtrer les pluies sans encombre de novembre à avril, comme chez les hêtres ou les chênes. Je ne crois pas au hasard. Le mélèze aime les régions plutôt humides, il a donc davantage besoin d'eau que les pins, par exemple. Quoi de plus évident, dès lors, que d'employer une stratégie analogue à celle des feuillus ?

À l'approche de l'automne, quand le feuillage commence à se colorer, vous pouvez vous-mêmes établir un pronostic sur la santé de tel ou tel arbre. Pour cela, il suffit de considérer la couleur des feuilles – chez certaines espèces, en tout cas, elle indique avec précision l'état du spécimen.

Des feuilles rouges contre les pucerons

En octobre 2020, on observa dans plusieurs régions allemandes un fait inhabituel : les couleurs automnales n'étaient pas aussi variées qu'à l'ordinaire. On voyait bien du vert, du jaune et du brun comme chaque année. Le jaune, notamment, brillait aussi gaiement que d'habitude sous le soleil qui perçait les nuages. Mais en temps normal, les cerisiers ainsi que le magnifique poirier situés dans les prés où paissent nos chevaux avaient mieux à offrir : un feu d'artifice de teintes allant de l'orange au rouge foncé. Les cerisiers, surtout, commencent souvent dès la fin août à colorer leurs feuilles parce qu'ils sont d'ores et déjà repus et ferment boutique. Les années chaudes et humides, ils parviennent manifestement plus vite que les autres à constituer une réserve de sucre et, lorsque les tissus de stockage sont pleins, poursuivre la photosynthèse n'a plus de sens. À l'été 2020, toutefois, la situation paraissait différente : aucun signe de coloration ni de satiété. Seule une feuille brunissant çà et là m'indiquait que ces arbres souffraient autant de la sécheresse que la forêt alentour. Je ne fus donc pas surpris de voir les cerisiers passer du vert au jaune à la fin octobre, en même temps que les autres variétés de feuillus, montrant ainsi qu'ils avaient retardé le moment de récupérer les réserves de leurs feuilles.

Nous l'avons vu : le jaunissement automnal n'est pas un processus actif, il se manifeste lorsque les arbres se préparent à leur sommeil hivernal. Ceux-ci coupent alors la chlorophylle présente dans les feuilles et l'attirent lentement dans les branches, le tronc et les racines. Une fois stockée, elle passera l'hiver à l'abri avant de refaire le trajet inverse au printemps suivant pour pénétrer dans les nouvelles feuilles. La disparition du vert laisse apparaître les caroténoïdes jaunes, des pigments déjà présents dans la feuille mais ordinairement recouverts par leur teinte verte.

Il en va tout autrement de la couleur rouge : l'arbre doit commencer par la fabriquer, puis l'injecter activement dans ses feuilles. Ce rouge est pour ainsi dire un conducteur fantôme, qui circule sur la voie inverse du mouvement de retrait généralisé. Aujourd'hui encore, la science s'interroge sur le sens de cette pratique. La fabrication de ce type de substances exige du temps et des efforts, à un moment où chaque jour d'activité qui passe accroît pour l'arbre le risque d'être pris de court par un hiver précoce. Au lieu de mobiliser un pigment de plus, l'arbre ne ferait-il pas mieux de rassembler ses forces afin de mettre au plus vite les derniers restes de substances utiles à l'abri dans les branches et le tronc ? On sait que l'irruption des premiers froids contraint les hêtres, les chênes et consorts à entrer en phase de dormance, et que tout ce qui n'a pas été fait à cette date est perdu.

Selon une des explications couramment avancées, les arbres produiraient une sorte de protection solaire pour leurs feuilles, tout comme notre peau brunit progressivement afin de se protéger contre les rayons UV. Mais pourquoi des feuilles près de tomber devraient-elles se prémunir contre le soleil ? Les chercheurs ont émis l'hypothèse qu'au moment de la dégradation et du retrait de la chlorophylle, leur vulnérabilité était particulièrement élevée[1]. Leurs cellules sont encore vivantes et l'arbre doit retirer les substances restantes au plus vite afin de les préserver – ce qui ne serait plus possible si les tissus étaient endommagés.

Il existe une autre hypothèse au moins aussi logique : la couleur rouge servirait à repousser les insectes qui voudraient se nourrir des feuilles. Les arbres feraient ainsi la démonstration de leur bonne forme et proclameraient en quelque sorte : « Hé, les parasites, regardez ça ! J'ai encore tant de force que je peux refaire un tour de piste supplémentaire et colorer mes feuilles en rouge. Ne venez pas vous installer ici, autrement vous goûterez de mon poison au printemps prochain ! » Autrement dit, ce serait une manifestation de frime. Or l'explication n'est sans doute pas si simple et les insectes, tels que les pucerons, par exemple, n'ont pas dit leur dernier mot. Ce rouge ne les impressionne guère, puisque leurs yeux sont dépourvus des récepteurs nécessaires pour le percevoir. En d'autres termes, ils ne voient pas cette couleur. Or il semblerait justement que cela influence leur choix – nous y reviendrons un peu plus loin.

Tout comme les arbres, les insectes se préparent à l'hiver. Pour beaucoup d'entre eux, cela signifie tout simplement mourir. Mais avant, ils pondent une dernière fois. Afin d'éviter à leur future progéniture un trop long déplacement pour se nourrir au printemps suivant, les mères déposent leurs œufs dans les fissures de l'écorce. Or les arbres ne peuvent entreposer des substances toxiques dans leurs feuilles pour se défendre des parasites que s'ils sont en bonne santé. Dans les grandes plantations d'épicéas et de pins actuelles, nous constatons combien les individus souffreteux sont vulnérables ; les bostryches sentent littéralement lorsque les résineux se retrouvent en état de stress et deviennent incapables de se défendre contre les tentatives d'intrusion.

Si les épicéas attirent les bostryches, les pommiers, eux, sont la cible des pucerons. Peut-être avez-vous déjà eu l'occasion de l'observer dans votre jardin : à peine les premières feuilles ont-elles fait leur apparition au printemps qu'un certain nombre d'entre elles se recroquevillent, telles des serres d'oiseau. Un coup d'œil sur leur face inférieure permet de comprendre ce qui se passe. Des hordes de pucerons plongent leur trompe dans le délicat tissu afin d'aspirer la sève sucrée. Une invasion en nombre provoquera un dépérissement des pousses, si bien que l'arbre a du mal à grandir. À leur tour, les pousses rabougries ne portent plus beaucoup de feuilles, ce qui contribue également à l'affaiblir. Et ce n'est pas tout : ces hôtes indésirables peuvent aussi propager des virus, des champignons et des maladies microbiennes. Bref : les pucerons sont une vraie plaie pour les arbres. On préférerait que ces petits nuisibles passent leur chemin, non ?

Or c'est précisément l'objectif que les pommiers en bonne santé semblent mettre en œuvre, avec succès, en se teintant de rouge avant la chute automnale. Et l'on observe des phénomènes similaires chez de nombreuses autres essences dont le feuillage rougit à cette saison. Des études scientifiques menées sur plusieurs années ont montré que les variétés d'arbres arborant des feuilles rouges en automne luttaient contre un nombre particulièrement élevé d'espèces de pucerons qui avaient jeté leur dévolu sur elles. Il semble y avoir là une coévolution, autrement dit un développement de concert entre manger et être mangé, attaque et défense.

Mais, redisons-le : les pucerons ne distinguent pas le rouge. Pourtant, des études ont montré que les arbres au feuillage rougissant étaient moins souvent la cible de ces parasites. Et que, sur ces spécimens, la progéniture des pucerons n'était pas aussi saine que sur les individus de la même essence arborant exclusivement des feuilles jaunes[2].

Le rouge ne constitue donc pas un avertissement de la part des arbres, même s'il y aurait là une belle analogie avec notre propre perception des choses. La réponse s'impose dès lors qu'on regarde le monde avec les yeux d'un puceron. En automne, celui-ci cherche des arbres susceptibles de procurer les meilleures conditions de vie à sa descendance. Or le jaune et le vert sont des signaux qui l'attirent et l'incitent à déposer ses œufs dans les troncs et les branches des individus concernés. Par conséquent, le rouge n'est pas une couleur d'avertissement mais de camouflage ! Particulièrement voyant pour nous autres humains, il disparaît aux yeux des pucerons dans un discret mélange de bleu et de vert[3].

Marco Archetti, chercheur à Harvard, a voulu étudier de plus près les relations entre les pucerons et les arbres. Il s'est donc intéressé à l'état des pucerons installés sur les pommiers. Le pommier présente l'avantage d'être présent sous la forme sauvage et cultivée. Au fil des millénaires, les spécimens sauvages se sont adaptés à l'interaction avec les pucerons et ont développé une stratégie que ne connaissent pas les variétés cultivées. Pourquoi ? Ce que recherche l'homme, c'est le rendement. Nous cultivons des arbres qui produisent de grosses et belles pommes savoureuses. Pour résumer, la pression évolutive ne vient plus des insectes, mais de nous. Les pommiers se conforment à nos souhaits, autrement dit à nos critères de sélection, parce que cela leur permet de survivre dans un contexte de culture par l'homme. Ce faisant, d'autres caractéristiques ont été laissées de côté, en particulier celles dont nous ne connaissions pas l'explication jusque-là. Par le passé, le caractère défensif du rouge contre les pucerons ne jouait aucun rôle chez les espèces cultivées – comment en aurait-il été autrement puisque les jardiniers ignoraient son utilité et que les pommiers cultivés sont protégés des pucerons ? La culture du pommier datant de plusieurs millénaires, la coloration rouge automnale a disparu chez de nombreuses espèces domestiques.

Afin d'étayer son hypothèse, Archetti a examiné le taux de survie des pucerons au printemps. Sur les pommiers montrant des feuilles vertes en automne, il était de 61 %. Sur ceux qui avaient un feuillage plus jaune, il baissait à 55 %, pour descendre jusqu'à 29 % sur les spécimens arborant des feuilles rougeâtres.

Si l'adoption d'une teinte rouge constitue une bonne stratégie de défense, pourquoi tous les pommiers n'en usent-ils pas ? Outre le facteur « culturel », Archetti avance une autre explication : la vulnérabilité à des maladies comme le redouté feu bactérien, lui aussi transmis par les pucerons. Les espèces particulièrement sensibles à cette maladie devraient pouvoir se prémunir à proportion contre les porteurs de la maladie, tandis que les espèces robustes seraient en mesure de tolérer l'invasion des pucerons. Et c'est effectivement ce qu'ont montré les recherches d'Archetti sur les pommiers d'Amérique du Nord : les espèces vulnérables à la maladie sont celles qui, quoique cultivées, continuent d'arborer un feuillage rouge en automne[4].

Revenons-en au mois d'octobre 2020 : après un été long et difficile, on ne voyait guère d'arbres teintés de rouge dans de nombreuses régions allemandes. Les cerisiers, les pommiers ou même des arbrisseaux tels que le prunellier avaient certes viré du vert au jaune, mais allaient rarement au-delà d'un faible orangé. Cela n'a rien d'étonnant si l'on se souvient que la formation du pigment rouge relève d'un processus actif et fatigant. Certes, se défendre contre les attaques des pucerons est très important pour pouvoir être en bonne forme au printemps suivant. Mais avant cela, il faut faire face à un long hiver en disposant d'une quantité suffisante de réserves alimentaires.

Les feuillus étaient dans la même situation qu'un grizzli qui aurait avalé trop peu de saumons avant l'hibernation et dont la couche de graisse serait insuffisante pour le sommeil hivernal. Quand on a peur de ne pas survivre à l'hiver, on ne dépense pas à l'automne quelques-unes des maigres calories engrangées afin de changer de couleur. La lutte contre les pucerons ne devient un problème qu'au moment de la frondaison. Et quand on fait pousser de nouvelles feuilles, on produit aussitôt du sucre. Même si des hôtes indésirables en prélèvent immédiatement une partie, les chances de survie augmentent à chaque jour qui passe.

Une nouvelle étude menée par l'ETH à Zurich a mis en évidence le phénomène inverse, à savoir une saturation précoce en sucre. Nous l'avons vu, le dérèglement climatique induit un changement de comportement chez les arbres : ils se débarrassent plus tôt de leurs feuilles. Jusque-là, on tendait à penser que l'apparition d'automnes plus doux retarderait la chute des feuilles de deux à trois semaines. Or l'équipe de recherche dirigée par Deborah Zani a mis en évidence la probabilité d'un mouvement contraire : au cours des décennies à venir, les arbres devraient perdre leurs feuilles avec trois à six jours d'avance. En cause, la frondaison printanière, qui intervient deux semaines avant la période habituelle, en raison du réchauffement climatique. Comme les feuilles naissent plus tôt, elles vieillissent plus tôt également.

Vieillir ? Ce n'est pas mon avis. Car comme j'ai pu l'observer moi-même sur les versants nord, un été sec conduit justement un grand nombre d'arbres à conserver leurs feuilles particulièrement longtemps. Logique, puisqu'en période de pénurie d'eau les arbres ne peuvent fabriquer de sucre, si bien qu'en octobre ils ont encore faim. Ce n'est qu'à la fin du mois, souvent même début novembre, qu'ils se débarrassent de leurs panneaux solaires. Les feuilles devraient donc pouvoir continuer à fonctionner sans problème quelques semaines de plus.

Une autre observation émise par l'équipe de Deborah Zani me paraît plus concluante, à savoir qu'une restriction des nutriments du sol[5] conduirait à un apport limité en CO_2. Je formulerais la chose différemment : si l'arbre démarre avec deux semaines d'avance au printemps, il paraît logique qu'il cesse également plus tôt de se ravitailler à la fin de la saison. Le sucre doit être entreposé et, à un moment donné, les tissus de stockage sont pleins. Contrairement à nous, les arbres ne peuvent pas produire une couche de graisse susceptible de s'étendre en cas de besoin. Lorsqu'ils sont repus, il est temps de mettre fin à la prise de nourriture. Pour ce faire, ils pourraient se contenter de fermer les stomates situés sur la face inférieure de leurs feuilles. Mais à quoi bon remettre le sommeil hivernal à plus tard ? Aussi se débarrasse-t-on simplement de tout ce bazar quelques jours plus tôt qu'à l'ordinaire – du moins quand il n'y a pas de sécheresse estivale.

À ce propos, alors qu'en août 2020, en pleine vague de chaleur, je marchais dans une de nos vieilles réserves de hêtres, je remarquai un autre changement : le sol était encore couvert d'une épaisse couche de vieilles feuilles datant de l'automne précédent. Jusque-là, je ne m'étais pas intéressé de près à ce sujet, mais avec le dessèchement croissant des sols j'effectuais régulièrement un petit test pour vérifier leur degré d'humidité. Un test que vous pouvez d'ailleurs pratiquer vous-mêmes dans votre jardin ou en forêt : écartez l'humus et prenez un peu de terre entre le pouce et l'index. Si, quand vous l'écrasez, elle forme une petite plaque, c'est qu'il y a encore suffisamment d'humidité dans le sol. En revanche, si elle s'effrite entre vos doigts, c'est que le sol est déjà trop sec pour les racines.

Je m'étonnai tout d'abord de voir autant de vieilles feuilles qui n'avaient pas pourri, puis je pensai à l'exemple du compost. Les matières organiques ne se décomposent que lorsqu'il y a suffisamment d'humidité à l'intérieur du tas de déchets. Ce qui est logique : sans eau, les champignons et les bactéries ne peuvent pas travailler. Ce n'est pas pour rien que l'une des plus anciennes méthodes de conservation de la nourriture consiste à faire sécher les aliments. C'est précisément ce qui s'était produit avec les feuilles de l'année précédente, du fait de la longue sécheresse. Pour les arbres, cela présente des avantages et des inconvénients. Pendant la période sèche, une épaisse couche de feuilles ralentit le dessèchement du sol. Mais quand il pleut, elle fait obstacle aux averses peu abondantes. Comme nous l'avons vu, les gouttes humidifient les feuilles, mais l'eau ne peut filtrer dans le sol que lorsque toute l'épaisseur de la couche est trempée.

Durant l'hiver, toutefois, tout ne se joue pas à la quantité de précipitations ; il faut également que surviennent des périodes de grand froid. Sinon, il y a du cafouillage dans la frondaison au printemps, ce qui constitue une charge supplémentaire pour les hêtres et les chênes au moment où ils ont le plus faim.

Lève-tôt et lève-tard

Qui ne l'a pas fait un jour ? Ramasser un gland ou une faîne lors d'une promenade automnale en forêt, mettre sa trouvaille dans un pot avec de la terre et placer celui-ci sur le rebord de la fenêtre. Malheureusement, ce semis ne vivra pas très longtemps dans un salon, car il lui manque l'hiver. Tout comme de nombreux animaux, les arbres doivent se reposer durant la saison froide pour pouvoir ensuite se reproduire. Mais pour s'endormir, il leur faut des journées plus courtes et une vernalisation*, autrement le sommeil hivernal débouche sur une mort prématurée. Voilà pourquoi les semis ramassés en forêt ne peuvent durablement survivre qu'à l'extérieur.

Cependant là aussi, à l'air libre, il fait de plus en plus chaud. L'hiver survient toujours plus tard et se termine toujours plus tôt. Le temps est presque estival dès le mois d'avril, si bien que dans la célèbre chanson allemande « Voici le mois de mai, les arbres se couvrent de feuilles », il faudrait désormais changer de mois. Si l'on ajoute à

---

* La vernalisation est la période de froid nécessaire à une plante pour qu'elle puisse se reproduire au terme de la saison hivernale.

cela un automne plus chaud, rien de surprenant à ce que la période de repos des végétaux ait diminué de quinze jours au cours des dernières décennies d'après les données du service météorologique allemand[1].

Contrairement à ce que l'on pourrait croire, ce changement s'effectue au détriment des arbres. Certes, ils ont désormais la possibilité d'apaiser leur faim plus tôt, la photosynthèse pouvant débuter dès avril. Mais, en cette saison, il reste un danger météorologique que le réchauffement climatique n'a pas fait disparaître : les gelées tardives. Jusqu'à la mi-mai, il arrive régulièrement que le thermomètre descende de nuit bien au-dessous de zéro, comme on l'a observé pour la dernière fois en 2020. Quand c'est le cas, une grande partie des jeunes feuilles gèle, ce qui porte aux arbres un coup très rude. Ils doivent alors mobiliser leurs dernières ressources afin d'en reformer de nouvelles. S'ils tombent malades à ce moment-là, ils n'ont plus la force de se défendre contre les champignons ou les bactéries.

Plus l'hiver est doux, plus il y a de risques de voir la frondaison se produire de manière prématurée. Il est arrivé plus d'une fois que le mois de janvier soit déjà si chaud que les grues sont revenues d'Espagne. Mais quand les rigueurs de l'hiver sont réellement apparues en février, elles sont reparties vers le sud. Les arbres, eux, n'ont évidemment pas le luxe de ces va-et-vient. Ils doivent donc être patients et attendre. Pour ce faire, les hêtres ne s'en remettent pas seulement aux températures, ils attendent également que les jours rallongent jusqu'à durer au moins treize heures. Alors seulement ils se risquent à produire des feuilles. Les arbres paraissent donc plus attentifs à de possibles gelées tardives qu'à la faim qui les tourmente au sortir de leur sommeil hivernal. En Allemagne, ces treize heures de jour sont atteintes en moyenne le 23 avril[2] – lorsque vous vous promenez au printemps, regardez si les hêtres des forêts situées près de chez vous respectent ce calendrier*.

Mais revenons-en à la nécessité du froid. Sans ce stimulus, les arbres locaux ne peuvent pas savoir qu'entre l'automne et le printemps il y a eu un véritable hiver et qu'il s'est de nouveau écoulé six mois. Peut-être les arbres sont-ils comme nous : lorsque nous nous réveillons dans le noir, il faut que nous regardions notre montre pour savoir quelle heure il est et si nous pouvons nous rendormir.

Chez le hêtre et l'érable, la température doit descendre au-dessous de 4 °C pour que les bourgeons puissent correctement éclore au printemps. En l'absence de ce déclencheur, les arbres ne sont pas réellement en mesure de sortir de leur sommeil – ils attendent en quelque sorte la venue de l'hiver. Dans le pire des cas, il peut même arriver que les bourgeons n'éclosent pas sur un certain nombre de branches[3]. Contrairement à l'opinion communément admise selon laquelle un hiver chaud entraîne nécessairement une frondaison prématurée, c'est parfois l'inverse qui se produit.

Les arbres ne peuvent influencer les températures hivernales, mais ils peuvent rendre l'été moins chaud. Hêtres, chênes et consorts n'aiment pas les grosses chaleurs couplées à de longues périodes de sécheresse. Même en saison chaude, ils préféreraient des températures basses. Ici et là un peu de soleil, beaucoup de pluie et des températures ne dépassant pas 25 °C : voilà à quoi ressemblerait l'été idéal pour un arbre. Et alors que nous autres humains nous démenons déjà pour avoir des bulletins météo plus ou moins précis (du moins lorsqu'ils dépassent trois jours), les arbres, eux, renversent la situation : à quoi bon un bulletin quand

---

* En France, cette durée est atteinte en moyenne début avril.

on peut décider soi-même de la météo locale ? Mais pas question de faire ça seul : pour que ce soit possible, il faut que toute la communauté des arbres d'une forêt travaille de concert. Comment cela fonctionne-t-il ? C'est ce que j'ai appris dans les « Heilige Hallen », où j'ai rencontré un expert qui étudie ce phénomène.

Forêt : l'effet climatiseur

MON PLUS GRAND DÉCLIC SUR LA QUESTION DES ARBRES ET DU réchauffement climatique, je l'ai eu pendant le tournage du film *La Vie secrète des arbres*[*]. En compagnie de l'équipe, je rejoignis dans les Heilige Hallen le Pr Pierre Ibisch, de l'université d'Eberswalde – un homme sympathique que j'avais déjà eu l'occasion de rencontrer et d'apprécier dans mon district de l'Eifel. Contrairement à ce que pourrait laisser croire leur nom[**], les Heilige Hallen ne sont pas un bâtiment mais une des plus anciennes hêtraies d'Allemagne. Certains des hêtres ont plus de 300 ans et, si l'on excepte quelques rares interventions humaines, cela fait environ 150 ans qu'on n'y pratique plus de coupes. Il règne dans cet endroit une atmosphère de forêt vierge désormais presque sans pareille dans le centre de l'Europe. Des géants tombés à terre pourrissent en exhalant d'odorants effluves de champignon. Dans la pénombre, de jeunes feuillus croissent en nombre avec une infinie

---

[*] La sortie en salle de la version française est en cours de programmation.
[**] Le terme allemand *Halle* désigne un hall, une grande salle.

lenteur. C'est à cela que devait ressembler autrefois toute l'Europe centrale et occidentale !

Pierre Ibisch se promenait avec nous dans la réserve, où nous admirions partout de petits prodiges. Tel ce hêtre monumental brisé dont il ne restait plus qu'un mince copeau entouré d'écorce. Sur ce cure-dents d'environ 4 mètres de haut avait poussé une couronne délicate qui, grâce à ses feuilles et aux sucres qu'elles contenaient, maintenait en vie le vieil arbre et surtout ses racines.

Tel, aussi, ce tronc presque entièrement décomposé qui ne ressemblait plus qu'à un monticule de terre allongé. À l'extérieur, dans les champs, il faisait extrêmement sec et il n'avait pas plu depuis des semaines, pourtant sa surface était très humide. Pierre Ibisch m'invita cordialement à le toucher. Sa substance friable était comme une éponge et, lorsque je refermai la main, de l'eau coula du bois moisi. Cette petite forêt de vieux hêtres regorgeait d'humidité, un miracle étant donné l'hiver sec qui avait précédé.

Le déclic en question, toutefois, avait eu lieu dès la première discussion technique, à l'entrée de la réserve. Il avait été déclenché par les cartes que Pierre Ibisch avait étalées sur une table. On y voyait divers aperçus du paysage aux portes de Berlin. Sur l'une d'elles, les prairies, les champs, les forêts et les lacs ainsi que les localités étaient représentés dans des couleurs différentes, comme c'est l'usage sur les cartes topographiques. L'autre montrait le même paysage, décliné cette fois-ci dans toutes les couleurs de l'arc-en-ciel. Pierre Ibisch m'a expliqué qu'il s'agissait d'une carte des températures, où le dégradé des couleurs du bleu vers le vert, le jaune, l'orange et le rouge respectait le schéma habituel, c'est-à-dire du bleu (froid) vers le rouge (chaud).

Cette carte était établie d'après des mesures satellites effectuées sur une période de quinze ans. Et ce au cours des mois d'été, juin, juillet et août, les jours où le ciel était dégagé, afin que le satellite puisse voir le sol. On avait ainsi recueilli des données sur 470 jours.

Chaque fois que le satellite passait vers midi au-dessus de Berlin, il mesurait la température de surface. Ces mesures avaient pris fin en 2017, c'est-à-dire avant les records de chaleur des étés suivants. Pourtant, le résultat était incroyable. Les cartes montraient clairement que les vagues de chaleur n'étaient pas seulement causées par le réchauffement climatique, mais aussi, et de façon déterminante, par la destruction des forêts naturelles et la transformation du paysage en plantations forestières, en terres agricoles et en lotissements.

Le résultat affichait un Berlin rouge foncé, tandis que les lacs environnants étaient d'un bleu soutenu. Cela n'avait rien d'étonnant : sur une durée de quinze ans, la température moyenne observée dans la ville à midi, les mois d'été, était d'environ 33 °C, alors que la surface de l'eau ne dépassait pas 19 °C pour la majeure partie. Cette observation pourra paraître banale, car on sait déjà que l'asphalte et le béton chauffent plus facilement, et surtout plus vite que de vastes étendues liquides. Mais la série de mesures n'avait pas pour principal objectif d'évaluer les différences entre la ville et la campagne. Il était bien plus intéressant d'observer le comportement des forêts environnantes durant l'été. À première vue, un grand nombre d'entre elles se distinguaient à peine des lacs par leur couleur. Ces zones fraîches étaient d'antiques forêts de feuillus. D'où le constat suivant : les hêtres et les chênes peuvent adopter le même comportement que les étendues d'eau ! Ils apportent tant de fraîcheur que la différence de température entre une ville comme Berlin et une forêt ancienne était d'environ 15 °C.

La campagne cultivée avec ses prairies et ses terres agricoles affichait environ 10 °C de plus. Mais le résultat qui me parut le plus surprenant concernait les plantations de pins. Les études révélaient, en effet, que ces sinistres monocultures ne remplaçaient nullement la vraie forêt. La température y était jusqu'à 8 °C plus élevée que dans les vieilles forêts de feuillus. Sans compter que ces conifères retiennent plus d'eau dans leurs houppiers et que le sol sur lequel ils se trouvent est nettement plus sec.

La forêt de Hambach montre à quel point les forêts, même à l'état de petites parcelles résiduelles, peuvent encore rendre de grands services au climat local. C'est l'une des plus connues d'Allemagne, parce qu'elle est devenue le symbole de la transition énergétique. Les excavatrices utilisées pour extraire le lignite de la mine voisine n'étaient plus qu'à quelques mètres de sa lisière et son sort paraissait scellé. Des quarante kilomètres carrés de peuplement forestier, il n'en subsistait plus que deux. Puis, grâce aux protestations d'activistes et de mouvements écologistes, une ordonnance de référé délivrée par le tribunal administratif supérieur de Münster[1] mit un terme provisoire au déboisement, au terme d'un accord passé entre le gouvernement fédéral et les Länder*.

Mais peut-on encore sauver cette forêt ? À sa lisière débute la mine à ciel ouvert, une gigantesque fosse de plus de 300 mètres de profondeur. L'été, des vents chauds s'y élèvent, provoquant un puissant mouvement d'aspiration qui prive la forêt de l'air frais et humide laborieusement produit par les vieux arbres. Les tempêtes, qui balaient la

---

* L'Allemagne est une fédération de 16 États appelés «Länder», qui correspondent plus ou moins à l'appellation de «régions» en France.

fosse sans rencontrer d'obstacles, arrachent un nombre croissant d'arbres situés à la périphérie, réduisant insidieusement la surface boisée. Dans les environs, il n'y a guère de forêts susceptibles d'influencer le climat local pour le rendre plus favorable aux arbres. La forêt de Hambach se trouve dans un désert agricole qui, lors des chaudes journées d'été, chauffe presque autant que la mine.

Cette forêt ancestrale a-t-elle encore une chance ? Pour répondre à cette question, Greenpeace a chargé une équipe dirigée par le Pr Ibisch de mener une étude sur le climat local[2]. Le principe, vous le connaissez déjà : on a réalisé par satellite des mesures de température au sol dans diverses zones, puis on les a représentées en couleurs sur des cartes. À quoi se sont ajoutées d'autres études écologiques. Résultat : au cours du torride été 2018, la différence de température entre la forêt et la fosse allait jusqu'à 20 °C ! Qu'une forêt, réduite mais encore partiellement intacte, soit capable d'un tel effort de refroidissement ne peut que susciter un grand respect.

Malheureusement, l'avenir des vieux arbres se présente plutôt mal. Les excavatrices ne cessent de se rapprocher et, à la lisière, les arbres meurent de sécheresse. En effet, au bord de la forêt, l'effet rafraîchissant se dissipe comme sous l'effet d'un gigantesque sèche-cheveux. Dans le même temps, les arbres sont privés d'une grande quantité d'humidité. Ou, pour filer la métaphore : la forêt de Hambach se trouve constamment sous l'action d'un séchoir.

Le drame devient encore plus évident si l'on se rappelle qu'un hêtre adulte libère chaque jour dans l'air jusqu'à 500 litres d'eau par l'intermédiaire de ses feuilles. Une eau que le sol, en raison de la présence de la mine de lignite, ne peut plus guère mettre à la disposition de l'arbre. En effet, comble de la malchance, la mine est asséchée par d'énormes pompes, car le fond de la vallée se trouve nettement au-dessous du niveau des nappes phréatiques, qui, sans intervention humaine, inonderaient la fosse.

Les experts recommandent donc, pour sauver la vieille forêt, de planter autour d'elle une sorte de tampon. Les jeunes arbres pourraient au moins atténuer un peu la sécheresse des terres avoisinantes et humidifier l'air.

Pour nous aussi, la mise en place de ce type de tampons autour de nos villes représenterait une bénédiction, ainsi que l'ont montré des photos de Greenpeace[3]. À l'aide d'une caméra thermique, les écologistes ont pris des photos de Cologne, une grande ville située à une heure de route de notre maison forestière dans la plaine du Rhin. Les résultats observés ont été les mêmes qu'à Berlin et dans la forêt de Hambach. Par les chaudes températures estivales, les bâtiments et l'asphalte affichent des teintes rouges, tandis que les arbres du parc municipal, avec leur bleu soutenu, ont l'air de lacs. Et la température le confirme : sous les frondaisons, elle accuse une baisse qui peut aller jusqu'à 20 °C ! C'est un puissant argument en faveur de l'augmentation des zones de verdure urbaines.

Outre le rafraîchissement, la forêt nous fait également un autre cadeau : comme nous le verrons dans le chapitre sur les fleuves aériens, elle accroît le volume des précipitations.

Quand il pleut en Chine

Les forêts n'influencent pas seulement le climat local mais aussi celui de continents entiers. L'eau y joue un grand rôle, notamment *via* l'évaporation et son effet rafraîchissant. Et les arbres exercent également une action déterminante sur la circulation de l'eau.

Pour commencer, ils réduisent la quantité d'eau qui traverse les couches du sol jusqu'à la nappe phréatique. Une partie reste dans leur houppier, une autre partie importante est utilisée pour la production de biomasse et le rafraîchissement par évaporation. En fonction des essences, cela peut aller jusqu'à 700 litres par an et par mètre carré[1]. À titre de comparaison : autour de Magdebourg, une des régions les plus chaudes d'Allemagne, il ne tombe annuellement que 500 litres de pluie par mètre carré. À cet endroit, la forêt ne peut subsister que si les arbres restreignent leur consommation d'eau en buvant moins et en grandissant plus lentement qu'ailleurs.

Les forêts élimineraient-elles donc l'eau et assécheraient-elles les terres ? Nullement, car l'eau qui s'évapore ne disparaît pas. Elle est en quelque sorte recyclée et se répand dans d'autres milieux, à savoir dans l'air. Ces fleuves aériens contiennent de l'eau sous forme de vapeur, autrement dit nettement plus diluée que dans un fleuve normal, mais elle ne s'en écoule pas moins. C'est ce qui ressort d'études menées par des scientifiques russes qui se sont demandé d'où venait la pluie qui tombait en Chine. Au premier abord, cette question pourra paraître bizarre : sur le principe, les précipitations trouvent leur origine dans l'océan le plus proche, où la vapeur d'eau s'élève et forme des nuages, lesquels sont ensuite poussés par le vent au-dessus des continents. Ces nuages déchargent leurs pluies sur les sols ; l'eau, obéissant à la pesanteur, rejoint alors la mer par l'intermédiaire des fleuves et des rivières – le cycle est bouclé. Dès lors, l'important pour la vie végétale, c'est que l'approvisionnement venant des airs soit à peu près égal quantitativement à ce qui se perd durant l'évaporation et le retour à la mer (sinon, tout se dessèche et se désertifie).

Ce n'est pas le cas partout, ainsi que l'ont découvert les chercheurs russes Anastassia Makarieva et Victor Gorshkov[2]. En temps normal, expliquent-ils, les précipitations décroissent de manière exponentielle à mesure qu'on s'éloigne de la mer. À quelques centaines de kilomètres déjà, les nuages se sont vidés, les pluies taries, ce qui rend impossible toute vie végétale. Du moins en l'absence de forêts. Lorsqu'il y a de grandes forêts, la situation est très différente. Elles pompent littéralement l'air humide à l'intérieur des continents, et avec une telle force que les deux chercheurs parlent d'une véritable pompe biologique. Même à des milliers de kilomètres de la mer, il n'y a pas de diminution des précipitations au-dessus des grandes forêts naturelles.

Voici comment Makarieva et Gorshkov se représentent la chose : les forêts relâchent d'énormes quantités d'eau par l'intermédiaire de leurs feuilles. Dans les étages de la couronne, on compte par mètre carré de forêt jusqu'à 27 mètres carrés de surface de feuilles exhalant de l'humidité par leurs innombrables bouches. Repensons à l'exemple du vieux hêtre qui libère par une chaude journée d'été jusqu'à 500 litres d'eau[3], lesquels rafraîchissent la forêt et s'échappent dans l'atmosphère sous forme de vapeur. L'intense activité d'évaporation des grandes étendues forestières provoque une montée des masses d'air, ce qui crée localement une zone de basses pressions. À cet endroit, la pression est inférieure à celle qui règne alentour, si bien que l'air y converge. On pourrait dire aussi que les forêts *aspirent* l'air frais des océans, sur de très longues distances. Cet air marin humide s'élève lui aussi au-dessus des forêts, se rafraîchit et se déverse en pluie sur les arbres. Ce qui représenterait au total davantage que les pertes dues à l'évaporation.

Grâce à leur consommation d'eau, les arbres pourraient en fin de compte avoir à leur disposition encore plus d'eau. Or les forêts de Sibérie nous prouvent le contraire. On n'observe d'évaporation active du houppier que durant l'été. L'hiver, quand tout est gelé et que les arbres sont en hibernation, la pompe à eau de la forêt devrait s'arrêter. Et c'est bien ce qui se passe, d'après les chercheurs russes[4].

En revanche, si l'on déboise et remplace les forêts par des herbages et des terres agricoles, les précipitations accusent une baisse qui peut aller jusqu'à 90 %. Cette théorie convaincante est donc confirmée par les faits. Voilà pourquoi, depuis le tournant des années 2000, les sécheresses sont de plus en plus fréquentes sur les bords de l'Amazone. C'est cohérent avec la disparition des forêts tropicales côtières, le déboisement progressif et, par voie de conséquence, la diminution de la forêt tropicale. Ou, pour le dire autrement : si l'on détruit la pompe à proximité de la mer, il ne faut pas s'étonner que plus rien n'arrive dans l'arrière-pays. Les observations réalisées en Allemagne sur l'effet rafraîchissant et l'augmentation des pluies au-dessus des forêts anciennes corroborent cette thèse.

Il existe d'autres preuves convaincantes en faveur de l'hypothèse du pompage. Une équipe dirigée par Ruud Van der Ent, de l'université de technologie de Delft, aux Pays-Bas, s'est penchée sur le recyclage de l'eau dans le cycle de la nature[5]. Au cours de leur étude, les chercheurs sont tombés sur une vérité toute simple : l'eau qui s'évapore dans l'air doit, à un moment donné, retomber sous forme de pluie. Voilà qui semble logique, mais d'après eux les recherches effectuées par les hydrologues ne prennent guère ce fait en considération. Dans le milieu scientifique, l'eau évaporée est perdue et les nouvelles précipitations viennent tout bonnement de l'extérieur. Cependant, la réutilisation de l'eau à grande échelle dans les écosystèmes est non seulement logique mais aussi cruciale pour comprendre comment fonctionnent nos poumons verts. On assiste à un gigantesque recyclage qui fonctionne nettement mieux que dans la consommation de matières premières au sein de notre société : l'humidité est réutilisée jusqu'à dix fois par la végétation grâce à de multiples évaporations et précipitations subséquentes – à condition qu'il n'y ait pas de déboisages massifs.

Si l'on associe les résultats des chercheurs russes et néerlandais, on voit clairement que l'importance de la forêt pour les ressources hydriques de notre planète a été complètement sous-estimée jusqu'à présent. Les forêts n'influencent pas seulement le système des vents (par la création de zones de basses pressions), qui pousse les nuages de la mer vers les continents, elles humidifient également l'air. À l'heure actuelle, dans le contexte du changement climatique, de nombreux forestiers attribuent pour l'essentiel aux arbres un rôle de stockage biologique de CO_2, que ceux-ci soient vivants ou, mieux encore, morts. Comme nous le verrons, chaque tronc utilisé pour une maison ou un meuble passe pour une réussite environnementale. Après tout, le carbone du bois ne peut plus être libéré dans la nature par les bactéries et les champignons qui se développent sur les arbres morts. Cet être vivant et respirant qu'est la forêt s'est vu ainsi dégradé au rang de capteur de CO_2 et son rôle dans l'économie générale de l'eau et des températures a été jusque-là occulté. Si l'on considérait à sa juste valeur l'apport des arbres à notre climat, il deviendrait évident qu'il faut faire passer la protection de la forêt avant l'exploitation du bois et réduire fortement la consommation de planches et de papier.

L'eau est un des éléments clés de la vie. Dans les régions chaudes et sèches, des conflits éclatent régulièrement à propos de fleuves traversant plusieurs États, tel le Nil. Sans le Nil, l'Égypte serait perdue : sa population tire 95 % de son eau de ce fleuve gigantesque, et il permet la pratique de l'agriculture dans la plaine fertile. Or l'Éthiopie, située sur le cours supérieur du Nil, a construit un barrage afin de produire de l'électricité. Ce qui nécessite de remplir l'énorme réservoir sur plusieurs années avec de l'eau qui, du coup, fait défaut en Égypte et au Soudan, confronté aux mêmes problèmes. Une médiation internationale a jusque-là permis d'éviter une guerre[6].

Lorsque l'humanité prendra conscience de l'importance des fleuves aériens engendrés par les forêts, on peut s'attendre à voir naître des conflits. Seul problème : si l'on peut ouvrir un barrage pour accorder davantage d'eau aux voisins de l'aval, il n'est pas aussi facile de remettre en état un fleuve aérien détruit par des coupes massives. Et à supposer que l'on reboise, il faudra des décennies pour que la nouvelle forêt retrouve très progressivement son ancienne fonction. À l'heure actuelle, le Brésil mène en ce domaine un essai à grande échelle. La reconstitution des forêts tropicales côtières a commencé, mais seulement par endroits. Combien de temps durera le processus de régénération dans ces régions où les arbres grandissent particulièrement vite? La pompe se remettra-t-elle à fonctionner? Cela reste à voir.

J'aimerais que cette seconde découverte, celle de l'influence des forêts sur les températures et les cycles de l'eau, reçoive plus d'attention. En 1831, en effet, le célèbre explorateur Alexander von Humboldt avait déjà longuement décrit l'importance de ces liens. «La rareté ou l'absence de forêts augmente à la fois la température et la sécheresse de l'air, et cette sécheresse, en ce qu'elle réduit l'évaporation de l'eau et amoindrit la force de la végétation rase, exerce un effet en retour sur le climat local», écrivait-il dans ses *Fragments de géologie et de climatologie d'Asie*[7].

Est-ce un hasard si les communautés d'arbres aident à rafraîchir la température, voire à produire de la pluie? Cela fait tout de même plus de 300 millions d'années qu'ils forment des forêts. On sait déjà combien ces géants travaillent en collaboration, se mettent mutuellement en garde, s'approvisionnent les uns les autres par leurs racines, et même partagent des souvenirs. Aussi me semble-t-il qu'une gigantesque communauté de végétaux de grande taille est parvenue à sortir de sa passivité pour prendre la météo au moins partiellement en main – ou en feuilles. Il n'y a donc aucune contradiction dans le fait que tant d'arbres meurent actuellement lors des étés chauds, bien au contraire : la mort de la forêt montre simplement ce qui arrive lorsque nous autres hommes perturbons cette collectivité parfaitement réglée par le biais de l'exploitation forestière, en morcelant la forêt, en l'éclaircissant et en la modifiant par l'introduction d'essences inadaptées, au point que le peu qui subsiste ne fonctionne plus correctement. Je vous raconterai dans la suite de notre promenade en forêt comment on peut inverser la tendance (et ça marche !).

Si de grands végétaux parviennent à œuvrer en symbiose pour façonner le climat local, il paraît évident qu'ils se témoignent aussi une attention mutuelle sur d'autres plans. La recherche a livré sur le sujet des pistes nouvelles et passionnantes dont j'aimerais vous faire part.

Égards et distances

LE CONCEPT DE « MÈRE-ARBRE » VIENT DE L'EXPLOITATION forestière. Cela fait plusieurs siècles que l'on a remarqué l'importance du rôle que jouent les arbres vis-à-vis de leur progéniture. À cet égard, ils sont comparables aux êtres humains. Comme je l'ai raconté dans le premier ouvrage de cette série, *La Vie secrète des arbres*, une mère-arbre reconnaît ses rejetons grâce à ses racines. Elle leur apporte son soutien en leur diffusant une solution sucrée par le biais de délicats réseaux, un processus qui ressemble beaucoup à notre allaitement. L'ombre procurée par les parents est elle aussi un acte de sollicitude, car elle discipline la croissance des jeunes qui vivent sous leur houppier. S'ils étaient pleinement exposés au soleil, ils croîtraient si vite en formant des troncs épais qu'ils arriveraient au bout de leurs forces en l'espace de cent ou deux cents ans. En revanche, une jeunesse ombragée s'étendant sur des décennies, voire des siècles, peut être gage d'une belle longévité. L'ombre signifie moins de soleil et donc nettement moins de sucres. Cette lenteur imposée avec douceur par la mère-arbre ne relève pas du hasard, ainsi qu'ont pu le constater des générations de forestiers, qui parlent d'« ombre éducative », autrement dit d'un ombrage intentionnel.

Une fois adultes, les arbres continuent à s'entraider en faisant circuler une solution sucrée de l'un à l'autre par l'intermédiaire de leurs racines. Cela permet à des individus faibles et malades de surmonter les périodes difficiles et de se rétablir. Ils redeviennent alors capables d'apporter leur contribution au climat frais de la forêt, lequel bénéficie à l'ensemble des arbres. Il faut donc éviter de perturber ces communautés forestières, surtout en cette époque de réchauffement climatique. Et cela vaut aussi pour les arbres prétendument mourants (qui, souvent, sont simplement malades).

Autre fait intéressant, le soutien mutuel que se dispensent les arbres dépasse probablement ce que nous pensions. Des étudiants de l'université d'Aix-la-Chapelle ont découvert que les arbres des vieilles hêtraies intactes de mon district ne montraient guère de différence du point de vue de leurs performances. En matière de photosynthèse, il paraissait n'y avoir parmi eux ni faibles ni forts. Dans les anciennes forêts exploitées, en revanche, où l'on abat de nombreux arbres, les individus restants semblent plus égoïstes. Là, on trouve des arbres de force inégale, dont les capacités de photosynthèse sont très variables.

Cela n'a rien d'étonnant puisqu'il n'y a entre eux plus de points de contact – au sens propre –, ni par les racines ni par les feuilles. Si les égoïstes ne s'entraident pas, c'est d'ailleurs peut-être qu'ils n'en ont pas la possibilité parce qu'il y a entre eux trop d'espace vide. Sans doute ne s'agit-il même pas d'égoïstes, mais plutôt de combattants solitaires obligés de se débrouiller sans l'aide directe de leurs voisins.

Mais comment les arbres font-ils attention aux autres ? C'est l'objet de plusieurs études menées sur l'arabette des dames, une plante se prêtant très bien à l'analyse en laboratoire. On peut la placer dans une boîte de Petri, son cycle de développement est court, elle produit un grand nombre de graines et son patrimoine génétique est bien connu. Qui plus est, avec ses 30 centimètres, elle est d'une taille relativement modeste – un argument important face aux plus de 30 mètres des arbres. L'arabette des dames est en quelque sorte la souris de laboratoire des plantes[1].

Deux chercheurs argentins de Buenos Aires, María A. Crepy et Jorge J. Casal, en ont fait pousser des spécimens dans leur laboratoire. En observant l'orientation de leurs feuilles, ils ont alors remarqué que les plants se témoignaient une attention mutuelle. Lorsque des plantes croissent à proximité immédiate les unes des autres, leurs feuilles projettent de l'ombre sur celles de leurs voisines, ce qui réduit l'activité de photosynthèse de ces dernières – autrement dit, elles ont moins à manger. Affaiblies, elles sont victimes de la concurrence puisque, de manière générale, les végétaux luttent pour se procurer le plus de lumière possible. Mais apparemment, pas à n'importe quel prix. Lorsque l'arabette des dames repère la présence de plants apparentés, elle se comporte très différemment. En effet, si le voisin fait partie de la famille, les petites feuilles s'orientent de manière à ne pas entraver son alimentation.

Cela paraît fou ? Ce qui le serait davantage, c'est que le principe de la solidarité familiale soit une caractéristique purement humaine. La perception de liens de parenté et les égards qui en découlent constituent un phénomène très fréquent dans la nature et éminemment sensé. Et ce n'est pas pour rien : partout où la survie de l'individu contribue directement à la puissance de la collectivité, on travaille en équipe. Chez les mammifères, ce sont les liens familiaux et les troupeaux ; chez les oiseaux, des couples unis pour la vie, ainsi que le montre l'exemple des corbeaux ; et même les myxomycètes, des organismes unicellulaires, coopèrent pour former des corps fructifères.

Mais comment l'arabette reconnaît-elle sa famille ? Si nous pensons aux arbres et à leurs réseaux sociaux, la réponse semble s'imposer : par le biais des racines. On sait en effet, depuis les années 1990, que les géants se servent de leurs racines pour s'approvisionner en nutriments, échanger des messages, voire identifier leur progéniture. Or María A. Crepy et Jorge J. Casal ont rendu la tâche plus difficile à l'arabette : chaque plant a été placé dans un pot et donc isolé de ses voisins. Cependant les pots ont été disposés suffisamment près les uns des autres pour que les feuilles puissent se faire mutuellement de l'ombre. Et c'est là que c'est devenu intéressant, puisque les plantes apparentées écartaient bien leurs feuilles respectives. Les chercheurs ont découvert que l'arabette reconnaissait sa parenté à une certaine proportion d'ondes lumineuses rouges et bleues. Autrement dit : elle *voyait* qui faisait partie de sa famille. Pour s'assurer que cela tenait vraiment aux ondes lumineuses, Crepy et Casal ont réalisé une expérience de contrôle avec des plantes ayant subi une mutation qui les privait du récepteur de lumière permettant de distinguer ces longueurs d'ondes. Résultat : ces plantes ne témoignaient aucun égard pour les membres de leur famille, pour la simple et bonne raison qu'elles ne les voyaient pas.

L'arabette n'est pas particulièrement rapide : elle a besoin de plusieurs jours pour réorienter courtoisement ses feuilles. Une fois le processus achevé, les voisines sont davantage exposées à la lumière. Mais quel avantage la plante prévenante en retire-t-elle ? Auparavant, ses feuilles étaient orientées de manière optimale. Désormais, elles se font davantage d'ombre à elles-mêmes. Cependant, comme les voisines se montrent tout aussi attentionnées, au total ses feuilles inférieures profitent également de plus de lumière. Plus de lumière = plus d'énergie = une meilleure santé. D'après cette étude, les spécimens de l'arabette qui poussent dans un environnement familial montrent un rendement grainier supérieur et sont donc plus performants[2].

Les arbres se témoignent-ils avec leurs feuilles les mêmes égards familiaux que l'arabette ? Il n'existe pas d'étude concluante sur ce point, mais cela fait un siècle qu'on s'interroge sur un phénomène qu'on appelle aujourd'hui la « couronne de timidité ». Lorsque, par une journée d'été, vous levez les yeux vers les couronnes des arbres dans une forêt de feuillus, vous verrez parfois un intervalle étroit – généralement inférieur à 50 centimètres – entre les branches d'arbres voisins. On dirait qu'aucun d'eux n'ose occuper cette zone frontalière. Vues du ciel, les forêts donnent souvent l'impression qu'un délicat filet de sollicitude est tendu entre les houppiers.

Cependant, s'agit-il vraiment de sollicitude ou ce phénomène n'est-il que le résultat de l'action du vent, ainsi que le supposent beaucoup de chercheuses et de chercheurs ? Leur thèse est la suivante : les oscillations des couronnes provoquent de tels frottements entre les branches extérieures des arbres directement voisins que celles-ci finissent par ne plus se toucher[3]. Cela n'aurait donc rien à voir avec une attention mutuelle et relèverait d'un processus purement mécanique. Pour infirmer cette théorie, il suffit d'observer soi-même, lors d'une promenade en forêt, la façon dont les choses sont agencées. Partout, les arbres mêlent leurs branches, sont mutuellement en contact, et leur ramure va même jusqu'à empiéter sur la couronne des voisins. Le vent et les intempéries se rencontrent partout si bien que les effets du frottement (qui conduit indiscutablement à la perte de branches ici et là) devraient être visibles dans toutes les forêts. Ce qui n'est pas le cas : la couronne de timidité n'est pas un phénomène généralisé.

S'il s'agissait effectivement d'une mesure de sollicitude au sens où la pratique l'arabette des dames, on pourrait comprendre pourquoi elle n'intervient pas partout : la majeure partie de nos forêts a été plantée. Les semences proviennent d'entreprises qui les ont préparées et mélangées à l'intention des pépinières. Lorsque les arbres sont plantés dans la forêt, ils se retrouvent à côtoyer des étrangers. La couronne de timidité ne devrait donc se manifester que dans les forêts naturelles, par exemple là où des familles de hêtres sont regroupées à grande échelle depuis des siècles. Je n'ai encore rien lu sur ce sujet.

Le bilan dressé par une équipe dirigée par la biologiste Roza D. Bilas dans un article est clair : les résultats des recherches les plus récentes contredisent l'idée communément admise que les végétaux ne sont que des acteurs passifs dans leur environnement. En outre, il serait peu vraisemblable que des plantes aient pu se développer sur toute la terre depuis 500 millions d'années sans être capables de reconnaître les autres plantes – qu'elles soient amies, voisines ou ennemies – et de réagir à leur présence[4].

Les arbres ne vivent pas seulement en lien avec leurs semblables. Les créatures les plus petites constituent un élément important de l'écosystème forestier, même si l'on ne leur a guère prêté attention jusque-là. C'est l'occasion pour nous, chères lectrices et chers lecteurs, de voir les choses d'un peu plus près.

Plaidoyer pour les bactéries

UNE DISCUSSION AVEC UN ADVERSAIRE EST TOUJOURS PLAISANTE, aussi mon fils Tobias (gérant de l'Académie forestière) et moi-même avons-nous invité à Wershofen l'un de mes plus grands détracteurs, un professeur d'université spécialiste de sylviculture. Un échange animé et tendu s'est engagé, qui a finalement débouché sur la question de la biodiversité dans la forêt. Notre interlocuteur, qui avait refusé la présence de représentants des médias, était un ardent défenseur de l'exploitation forestière. Éclaircir la forêt à l'aide de coupes, soutenait-il, était un bienfait pour la nature. De plus, l'exploitation du bois et le réchauffement des peuplements sous l'effet de l'ensoleillement dû aux coupes augmentaient significativement la diversité des espèces. Ce type d'affirmations me fait toujours sourire et je ne suis pas le seul à les juger dépourvues de tout fondement scientifique. Pour établir qu'il y a une augmentation, il faut commencer par dénombrer très précisément les espèces présentes. Puis refaire l'opération après une coupe et déterminer par un calcul mathématique s'il y en a désormais plus ou moins. Sauf qu'on n'a pas la moindre idée du nombre d'espèces différentes qu'il peut y avoir dans notre région.

L'étude menée par une équipe de recherche dirigée par Kelly Ramirez, de l'université d'État du Colorado à Fort Collins, a laissé entrevoir la diversité des espèces rien que dans le sol. Les chercheurs ont prélevé près de 600 échantillons à Central Park (New York) et ont analysé leur matériel génétique. Ils y ont trouvé les traces de 167 169 espèces différentes – des micro-organismes de même calibre que les bactéries, dont environ 150 000 que nous ne connaissions pas encore[1]!

Lorsque je rencontre des chercheuses et chercheurs, je leur demande volontiers à combien ils estiment la proportion d'espèces inconnues sur la planète. Leur réponse tourne autour de 85 %. En Allemagne comme sur le plan mondial, seules 15 % des espèces seraient donc connues.

Mais revenons-en à ma discussion avec le chercheur en sylviculture: je lui ai demandé s'il partageait l'avis de ses collègues scientifiques sur l'existence d'espèces inconnues et leur proportion. « Ah, vous parlez sans doute des bactéries et des champignons! » a-t-il répondu avec dédain. Il les jugeait manifestement indignes d'intérêt et *a fortiori* d'étude. Or si l'on ne sait rien des bactéries et consorts, il est impossible d'évaluer de manière globale la portée des interventions humaines dans l'écosystème forestier, encore moins lorsqu'il s'agit de la baisse ou de l'augmentation de la biodiversité.

« Notre compréhension limitée de ces micro-organismes d'une grande importance montre que le "temps de la découverte" ne fait que commencer », a déclaré l'équipe du chercheur américain Rolando Rodriguez[2].

Il se trouve pourtant que ces petits compagnons sont sacrément importants! Votre propre corps vous en fait la démonstration, lui qui contient au moins autant de bactéries que de cellules. Elles font partie de vous au même titre que les globules ou les cellules sensorielles. Les recherches scientifiques menées ces dernières années soulignent combien elles ont d'influence sur votre vie. Les bactéries intestinales, par exemple, peuvent produire des neurotransmetteurs pour le cerveau. En bref, les bactéries ont leur mot à dire. Elles agissent sur notre comportement, puisqu'elles peuvent susciter la peur ou la dépression[3]. Thomas Bosch, directeur d'une équipe de recherche à l'université Christian-Albrecht de Kiel, va même plus loin. Il émet l'hypothèse que l'origine de notre système nerveux ne réside pas dans le contrôle des différentes parties de notre corps mais dans la communication du corps avec les microbes[4]. Écouter ce que nos tripes nous disent ne relève donc pas simplement de la métaphore.

Chacun de nous est un petit écosystème avec un assemblage spécifique de milliers d'espèces de bactéries, aussi unique qu'une empreinte digitale. Rien que sur ses paumes, un individu abrite en moyenne 150 espèces. À cet égard, les deux paumes sont si différentes l'une de l'autre que seules 17 % environ des espèces se retrouvent sur les deux, et que l'on compte seulement 13 % d'espèces communes entre les individus. Au total, les chercheurs ont trouvé 4 742 espèces sur les paumes des sujets qui se sont prêtés à l'expérience. À titre de comparaison, en Europe, il y a moins de 700 variétés d'oiseaux[5]. Vos paumes sont donc un haut lieu de la biodiversité. Soit dit en passant : ce petit cosmos ne se laisse nullement déstabiliser par le lavage de mains. Il ne faut pas longtemps pour que vos minuscules invités aient retrouvé leur composition initiale grâce à leur incroyable vitesse de reproduction[6].

Comme nous ne pouvons pas vivre sans ces petits êtres ni eux sans nous, la science a créé une nouvelle dénomination pour cet ensemble constitué d'un hôte et de ses microorganismes : l'holobionte, du grec *holos* (tout) et *bios* (vie).

Le fait que la Terre soit peuplée d'holobiontes donne à la chose un petit côté film de science-fiction.

Tout corps constitue donc un écosystème composé de milliers d'espèces et cela vaut pour tous les êtres pluricellulaires, notamment les arbres. Cela peut, non, cela *doit* changer radicalement le regard que nous portons sur la forêt et la façon dont nous la traitons.

Le Pr Pierre Ibisch, de l'École supérieure du développement durable à Eberswalde, expose très clairement les nouvelles connaissances que nous avons acquises : « Désormais, il semblerait que les sujets de l'interaction écologique et de l'évolution ne soient plus les espèces biologiques mais les holobiontes avec leur structure complexe. Nous sommes au seuil d'une compréhension nouvelle de l'écosystème forestier et du vivant dans son ensemble. De gigantesques "points aveugles" sont en train d'apparaître. Et ce à une époque où les hommes interviennent dans le tissu écologique avec une ampleur inégalée et à de multiples niveaux[7]. »

Lorsqu'on commence à perdre la vision d'ensemble, il faut absolument s'arrêter et réfléchir. Or plus nous faisons de découvertes en biologie, plus cet aperçu global de ce qui se passe dans la nature nous échappe. Plus exactement : la recherche actuelle nous montre que nous n'avons jamais eu de vision véritablement holistique. La répartition minutieuse en catégories et l'attribution de tâches spécifiques aux espèces dans l'écosystème ne fonctionnent pas aussi simplement dans la réalité et apparaissent de toute façon problématiques. Cette attribution résulte d'une vision révolue de la nature, où l'on considère l'environnement comme une machine bien équilibrée : chaque espèce a de par sa naissance une tâche déterminée qu'elle doit accomplir jusqu'à sa mort. Or ces tâches sont souvent considérées du point de vue de l'utilité – de leur utilité pour nous, s'entend. Il n'y a d'organismes auxiliaires et de nuisibles qu'en fonction des intérêts de l'homme, des avantages qu'il retire et des préjudices qu'il subit. Et c'est bien le point crucial : cette façon de voir place l'homme au centre. Lui seul n'a pas de tâche particulière, tous les autres êtres vivants sont des ouvriers dans une machinerie fonctionnant à son service, puisqu'il se considère comme le couronnement de la création.

Pour comprendre le fonctionnement de la machine, on la décompose scientifiquement en rouages, c'est-à-dire en espèces. Cependant la nature ne se laisse pas déchiffrer si facilement, et le concept d'« espèce » a depuis longtemps perdu sa validité. On sait désormais qu'on a affaire à des holobiontes, des écosystèmes ambulants, donc, tel que l'est chacun d'entre nous. Mais les bactéries, qui sont à l'origine de tout ce bazar, se retrouvent à leur tour sur la sellette. Les différentes variétés qui semblent les composer peuvent-elles réellement être qualifiées d'« espèces » ? Si l'on se rapporte à l'ancienne définition, il devrait s'agir d'êtres qui se reproduisent sexuellement et engendrent une progéniture féconde. Ce qui n'est pas le cas des bactéries. Elles se divisent sans autre forme de procès, soulevant au passage la question de savoir si cette division produit deux nouvelles bactéries ou une mère et un rejeton. À cela s'ajoute le fait qu'elles présentent souvent de très grandes différences génétiques. Alors que notre patrimoine génétique n'accuse que 5 % de différence avec celui du chimpanzé, les bactéries d'une même « espèce » peuvent présenter jusqu'à 30 % d'écart[8]. Pourquoi la science, en les regroupant tout de même dans une seule espèce, fait-elle ici une concession qu'elle refuse à juste titre aux animaux, par exemple ? Parce que ce serait la fin du concept d'espèce chez les bactéries.

Cet exemple montre que la science ne peut plus venir à bout de l'incroyable diversité de la vie.

Et, comble de tout, de leur côté les bactéries sont colonisées, ou plus exactement dévorées par des virus. On estime à environ 30 milliards le nombre de ces virus qui traversent quotidiennement (!) notre muqueuse intestinale dans le sillage de leurs proies pour pénétrer dans notre sang et, de là, dans tous les organes possibles[9].

Beurk! Vous ne savez plus où vous en êtes? Moi non plus, mais pour être honnête, ça n'a aucune importance. Le simple fait d'avouer qu'on ne comprend absolument rien au cycle de la vie est à la fois libérateur et humiliant. Humiliant si l'on s'est efforcé jusque-là de changer la nature, de manière qu'elle fonctionne mieux avec nous que sans notre main secourable. Le remède miracle est pourtant simple : on ne peut profiter de la nature dans toute sa diversité qu'à condition de préserver cette même nature. Certes, on peut ici et là réimplanter des espèces locales disparues, animales ou végétales. En revanche, la reconstruction de tout un écosystème ne peut réussir que si, après une petite impulsion initiale, on abandonne le territoire concerné à lui-même – ce qui est parfois difficile à accepter lorsqu'on est très engagé dans la protection de l'environnement.

Mais je m'écarte du sujet. Chez les végétaux et en l'occurrence chez les arbres, la collaboration ou plus exactement la fusion avec les bactéries en un organisme commun n'a rien d'une nouveauté. Vous vous rappelez vos cours de biologie? On a dû vous parler des rhizobies. Cette bactérie et quelques autres variétés ont une propriété importante pour les plantes : elles peuvent transformer l'azote de l'air en engrais azoté, une prouesse dont seul l'homme est également capable, à l'aide de son industrie chimique. Sans les bactéries, les arbres seraient tributaires des éclairs, des éruptions volcaniques et des incendies naturels, trois processus calorifiques permettant aux végétaux d'avoir accès à l'azote de l'air et qui surviennent beaucoup trop rarement. Quelques espèces de bactéries sont donc venues à l'aide des arbres. Cela dit, elles ne le font pas par bonté d'âme, puisqu'elles ne pourraient se nourrir sans eux.

Ces organismes lilliputiens ont donc besoin d'un partenaire qui récompense leurs services en leur offrant une solution nutritive. On peut ici parler de « symbiose », terme qui désigne la collaboration entre diverses espèces. Ce travail en commun peut même devenir routinier, comme chez les fourmis et les pucerons. Les pucerons réagissent à la palpation par les fourmis en sécrétant une délicieuse substance sucrée, le miellat. En contrepartie, les fourmis protègent leur petit troupeau vert de la voracité des coccinelles. Cela étant, les pucerons et les fourmis n'ont pas besoin les uns des autres pour survivre.

Les communautés de vie comme celle des champignons et des algues, par exemple, qui fusionnent pour donner des lichens, ont elles aussi été qualifiées autrefois de symbioses. Or leur réunion donne naissance à une espèce et, dès lors, ils ne peuvent plus vivre indépendamment les uns des autres. De ce fait, le concept de symbiose n'est pas approprié et l'on a de plus en plus tendance à employer le terme « holobionte » pour désigner les lichens. Sinon, on pourrait affirmer que les phagocytes présents dans notre sang, qui attaquent et détruisent les agents pathogènes, ne sont pas des éléments de notre corps.

Avant de fusionner avec les arbres en tout cas, les rhizobies ont une existence autonome. Les arbres appâtent ces petits auxiliaires en diffusant des substances nutritives dans le sol environnant par l'intermédiaire de leurs racines. Les bactéries se dirigent alors vers les prolongements les plus fins, les poils absorbants. C'est là que ça devient intéressant : lorsque les poils absorbants et les bactéries se reconnaissent, l'arbre autorise ces dernières à entrer. Pour moi, c'est à ce moment-là au plus tard que la symbiose prend fin puisque ces créatures différentes fusionnent pour former un nouveau tout (un holobionte). L'arbre se met à bricoler un foyer confortable pour les nouveaux arrivants en développant des excroissances sur ses racines. L'énergie qu'il déploie lui est remboursée sous forme d'engrais azoté. Les arbres ayant accueilli des rhizobies peuvent donc pousser sur des sols naturellement pauvres en azote. Et comme les arbres doivent atteindre une hauteur bien plus importante que les herbes ou les graminées, leur fusion avec les rhizobies constitue au sens propre un énorme avantage. Mais si diverses variétés d'aulnes ou encore le robinier, par exemple, en font usage, de nombreuses essences ne sont pas en mesure de coopérer avec ce type de bactéries. D'autres pourraient, mais ne le font pas. Comme le charme, qui s'est jusqu'à présent refusé à accueillir ces minuscules créatures. Pour quelle raison ? Pour l'instant, c'est un mystère[10].

L'arbre et les bactéries collaborent également à l'extérieur des racines. On ne sait pas encore comment cela fonctionne dans le détail, mais le phénomène est passionnant : des chercheurs du Netherlands Institute of Ecology de Wageningue ont établi que les plantes avaient un système immunitaire leur permettant de se défendre contre les agents pathogènes. Cependant, à l'inverse de ce qui se passe chez les hommes et les animaux, celui-ci est au moins partiellement situé hors du corps. C'est une communauté de bactéries installée autour des racines qui empêche ces dernières d'être infectées par des agents vecteurs de pourrissement, par exemple[11].

Mais revenons-en au débat avec notre professeur spécialiste de sylviculture. Ces communautés de vie complexes lui paraissaient dénuées d'importance car, à ses yeux, la qualité d'un écosystème résidait exclusivement dans le nombre des espèces présentes connues. Or, lorsqu'on évalue à 85 %, voire bien plus, la proportion d'espèces inconnues et par conséquent non dénombrables, la quantité ne peut constituer un critère. Et dès lors qu'on ne connaît pas la plus grande partie des espèces, il devient impossible de prouver scientifiquement que les interventions humaines profitent à la biodiversité dans son ensemble. Bien qu'aisément réfutable, le pseudo-rôle bénéfique de la sylviculture dans la biodiversité par le biais des coupes et des plantations continue pourtant à être enseigné à l'université. Heureusement, le remède est en vue, j'y reviendrai.

La résistance des scientifiques à l'élargissement des connaissances n'est pas chose nouvelle. Mais elle a des conséquences particulièrement dramatiques dans le cas de la sylviculture, car la forêt joue un rôle clé dans le ralentissement du réchauffement climatique. Or la gestion forestière exerce d'ores et déjà une influence négative sur deux tiers des forêts dans le monde[12].

Si l'on se représente la forêt comme un ensemble de communautés complexes avec leurs innombrables et minuscules créatures de toutes sortes qui assurent le fonctionnement de tout l'écosystème, l'exploitation forestière fait figure d'éléphant dans un magasin de porcelaine.

La réponse de la sylviculture au dérèglement climatique consiste à changer le mobilier, à savoir les essences d'arbres : ainsi elle substitue aux hêtraies des plantations de châtaigniers non locaux ou de cèdres du Liban. À cause de cela, les forêts se transforment définitivement en milieux artificiels, lesquels risquent d'être encore moins capables de résister au changement climatique. Dans la partie suivante, nous verrons pour quelle raison ceux qui sont chargés de protéger et de préserver nos forêts se retrouvent dans cette impasse.

LES DÉGÂTS
DE L'EXPLOITATION
FORESTIÈRE

Dos au mur

L'EXPLOITATION FORESTIÈRE CLASSIQUE SE DÉBAT ACTUELLEMENT avec d'énormes problèmes : les plantations d'épicéas et de pins meurent, et l'opinion publique se rend progressivement compte que cela n'est pas seulement dû au réchauffement climatique. Les bostryches dévorent ces sinistres boisements, le feu dévaste des forêts dont la merveilleuse capacité à générer des pluies et de la fraîcheur a été fortement affaiblie par les tronçonneuses.

Pourtant, tout avait bien commencé. Depuis longtemps, tout fonctionnait si bien. De multiples pays avaient suivi l'exemple allemand et transformé de vastes forêts en plantations, une pratique qui a assuré pendant de nombreuses décennies un approvisionnement régulier de bois à l'industrie. Le recours à des essences à croissance rapide et à une sélection qualitative a donné le même résultat que l'élevage industriel pour la production de viande : des arbres jeunes, récoltables rapidement, possédant un « poids de carcasse » relativement homogène.

Mais tout comme les animaux élevés de façon intensive, les arbres des plantations sont fragiles et les pertes engendrées par les maladies et les phénomènes naturels, considérables. En outre, la qualité du bois dans ces « cultures industrielles » est très inférieure à celle des arbres des forêts primaires. Le grand public l'ignore parce que l'industrie s'est adaptée à la minceur accrue des troncs et à la dégradation de la qualité du bois; ce que les arbres ne peuvent plus fournir se voit compensé par la technique. Essayez donc d'acheter une grosse poutre d'un seul tenant, vous n'aurez quasiment aucune chance d'en trouver. Désormais, ces poutres sont constituées d'un assemblage de planchettes collées si bien que, même en l'absence de grands troncs, on peut produire du bois de charpente de toutes les dimensions.

Tout le monde semblait satisfait, sans se rendre compte que cette exploitation grossière fragilisait de plus en plus la forêt. Le réchauffement climatique est la goutte d'eau qui a fait déborder le vase et le dilemme de ces dernières décennies apparaît désormais dans toute son ampleur. Le joli château de cartes de la gestion forestière planifiée par l'État se casse la figure, au ralenti, mais sans recours.

En fait, l'exploitation de la forêt est beaucoup plus difficile à organiser que celle des terres agricoles. Pourtant, en termes de produits, les ressemblances sont multiples. Le bois est une denrée périssable; la récolte achevée, il ne reste souvent que quelques semaines durant le semestre d'été pour le travailler avant que des champignons ou des insectes n'en compromettent la qualité. De plus, l'hiver ne permet plus vraiment de souffler: avec le changement climatique, cette saison n'est plus assez froide pour empêcher les champignons de se développer dans le bois.

On note en revanche une grande différence dans la durée qui sépare les plantations ou semailles et la récolte. Alors que les agriculteurs ont la possibilité de changer leur fusil d'épaule chaque année, les forestiers sont tributaires d'une décision prise dans un laps de temps pouvant aller de soixante à deux cents ans, en fonction de l'essence. Mais comment savoir si longtemps à l'avance ce que sera la demande sur le marché ? Qui plus est, le réchauffement climatique augmente considérablement la part d'impondérable. À l'heure actuelle, il ne s'agit plus seulement des ventes escomptées, mais de la pure et simple question de savoir si les arbres atteindront une taille raisonnable, un âge de récolte viable avant de mourir.

Et comme si cela ne suffisait pas, des tempêtes hivernales ont abattu un grand nombre d'arbres en seulement quelques années. Le bois étant périssable, ces quantités doivent être rapidement commercialisées, ce qui entraîne une baisse massive des prix. Et, bien sûr, on est vite confronté au problème de la durabilité en termes de quantité. Alors que l'agriculteur, après une catastrophe, repart tout bonnement de zéro l'année suivante, l'exploitant forestier doit se montrer très prudent avec les arbres restants puisque les intempéries en ont « abattu » de manière imprévue un nombre excessif. Telle est la doctrine. Il faut aussi compter avec l'apparition régulière d'années de sécheresse, les invasions de bostryches, sans oublier les tendances de la mode qui donnent tout à coup la préférence à telle essence pour le mobilier. Dans le pire des cas, on assiste à l'effondrement de secteurs d'activité entiers, ainsi qu'on l'a vu pour le bois servant à étayer les galeries de mine.

Conclusion : en matière de gestion forestière, impossible de prévoir sur le long terme. Pourtant, les propriétés privées d'une certaine taille et les domaines forestiers publics sont contraints d'établir des plans décennaux. On calcule, on planifie, on mesure, et tout cela pour se rendre compte au bout des dix ans qu'une fois de plus, rien ne s'est déroulé comme prévu. Je n'ai jamais rencontré de cas où ce type de calcul ait eu un sens.

Sans parler d'une autre difficulté. Même là où les forêts sont encore relativement indemnes, la production de bois est fortement ralentie. Pas besoin d'être un expert pour en comprendre la raison : les arbres qui se débarrassent de leurs feuilles dès l'été ne peuvent former autant de bois qu'à l'ordinaire. Et si la situation se dégrade au point que nous ne connaissions plus d'années normales, il faudra nécessairement adapter la planification. Ou plutôt : il le faudrait.

Nous le constatons en permanence lors des consultations de l'Académie forestière : les forestiers raisonnent comme si le changement climatique agissait en comptable. Ils ont supprimé de leur bilan les populations d'épicéas en train de mourir, mais occultent de diverses façons dans leur planification le fait que les forêts restantes de hêtres et de chênes sont elles aussi en mauvais état – là, ils continuent à se servir copieusement. Ce faisant, ils affaiblissent les écosystèmes encore capables de braver le changement climatique : les vieilles forêts de chênes et de hêtres. Quand on détruit leur communauté, que l'ensoleillement réchauffe et dessèche le sol, on provoque la mort d'un grand nombre de feuillus parmi les plus imposants. Cependant les autorités chargées de l'administration des forêts ne sont jamais à court de réponses lorsqu'il s'agit de faire leur boulot de relations publiques. Les hêtres meurent ? Alors faisons-les sauter ! Au moins, cela fera les gros titres de la presse !

Carnage dans la hêtraie

Un dimanche de septembre 2019 dans la forêt de Thuringe : des explosions retentissent dans les vallées et de vieux hêtres basculent sur le côté en gémissant avant de s'écraser sur le sol dans un fracas assourdissant, tandis que leur houppier vole en éclats. C'est l'œuvre de l'armée : à cet endroit, des soldats posent des charges d'explosifs sur les antiques géants afin de les faire sauter quelques instants plus tard[1].

Trente hêtres et deux épicéas ont ainsi été abattus à l'occasion d'un premier essai spectaculaire. Officiellement, c'était une démonstration efficace : les autorités réagissaient à la crise des forêts, même si ce faisant elles dépassaient leur objectif. En effet, pour poser les explosifs, il fallait que l'artificier manipule le tronc. Or si les arbres avaient effectivement été si abîmés qu'ils menaçaient de s'écrouler à tout instant, personne n'aurait dû s'en approcher. Mais s'il n'y avait pas de risque, alors pourquoi n'a-t-on tout simplement pas utilisé un câble de treuil afin d'enlever les arbres en toute sécurité à l'aide d'un tracteur ? Je soupçonne qu'on cherchait ici l'effet médiatique d'une opération retentissante.

On entend parler un peu partout d'actions du même type, quoique moins martiales. Les vieux hêtres tombent malades et sont abattus à la hâte. Il s'agit d'écarter tout danger : chutes de branches, voire de troncs entiers, susceptibles de provoquer des accidents. La plus grande et la plus massive des machines à récolter le bois, qui répond au nom redoutable de « Raptor » (un dinosaure carnassier), est elle aussi de la partie. Avec son bras, cet engin de 70 tonnes scie des vieux arbres entiers comme si c'était un jeu, et les soulève pour les porter sur la route, où il les débite. Le Raptor peut abattre jusqu'à 80 hêtres vieux et fragiles par jour et se fraie son chemin dans les forêts de feuillus.

Or ce qui paraît faible n'est pas nécessairement voué à la mort. Les hêtres malades peuvent parfaitement se rétablir. Et même lorsque des parties entières du houppier meurent, beaucoup d'arbres en développent un autre, situé un peu plus bas, et peuvent vivre encore plusieurs siècles. Enfin, une grande partie de ceux qui se sont débarrassés de leurs feuilles en août sont tout à fait en état de refaire normalement du feuillage au printemps suivant. Ils apprennent, comme nous le savons désormais.

Des arbres qui apprennent et luttent pour leur survie sont donc supprimés afin de parer à un risque présumé, et ce même au fond des forêts. Comme excuse, on invoque le devoir des propriétaires de forêts d'assurer la sécurité de la circulation, c'est-à-dire de préserver les visiteurs de tout danger. Or ce n'est pas une nécessité, ainsi que l'a établi la Cour fédérale de justice allemande le 2 octobre 2012[2]. On a même le droit de laisser subsister des arbres fragiles en bordure de chemin. Les propriétaires ne sont responsables que des accidents dont ils sont eux-mêmes les auteurs : une pile de bois qui se défait, par exemple, ou un arbre abattu reposant en travers de la route qui provoquerait la chute de cyclistes. Aussi, je pense qu'il ne s'agit pas tant de la sécurité des promeneurs que d'un argument justifiant la poursuite de la récolte jusque dans les forêts malades.

Ce déboisement frénétique est probablement aussi dicté par l'émotion. Lorsque des plantations soigneusement éclaircies pendant des années, voire des décennies, commencent soudain à dépérir, c'est le signe d'un échec patent. Si on laisse subsister d'importantes quantités d'arbres morts dans les forêts, on risque d'amener l'opinion publique à se demander s'il est encore bien utile d'avoir des forestiers et, surtout, qui est à l'origine de cette situation désastreuse.

Dans le cas des forêts de pins et d'épicéas, les autorités compétentes et les experts en sylviculture déclinent toute responsabilité. Ils invoquent les conséquences des destructions commises dans les villes lors de la Seconde Guerre mondiale : pour reconstruire après guerre, l'Allemagne a trop misé sur la plantation de résineux. Qui pourrait condamner nos prédécesseurs, qui voulaient contribuer à restaurer rapidement l'industrie du bois ? Or cet argument est aisément réfutable. Lorsque, dans les années 1940 et 1950, on avait besoin de bois de construction, on ne pouvait guère se servir d'épicéas fraîchement plantés, qui arrivaient tout juste à hauteur de genou. Non, il faut chercher du côté de certaines personnalités influentes qui, il y a encore quelques années, nous mettaient expressément en garde contre un passage trop massif des résineux aux feuillus. Le Pr Hermann Spellmann, par exemple, déclarait en 2015 que le recul des conifères dans les reboisements récents était une catastrophe et il exhortait à revenir au bois de résineux. Détail intéressant : M. Spellmann était jusqu'en 2020 président du comité scientifique consultatif pour la politique forestière au ministère fédéral de l'Agriculture. Sa parole avait donc du poids[3].

Dans l'ensemble, les acteurs de la gestion forestière ne sont donc pas prêts à reconnaître leurs erreurs, et leur attitude est confortée par l'état dans lequel se trouvent les hêtres aujourd'hui. Comme nous l'avons vu, ces majestueux feuillus sont particulièrement sous pression là où l'intervention de l'homme a fait disparaître leurs structures sociales et oblige les vieux guerriers restants à lutter pour rester en vie. Le fait que la chaleur estivale, qui sévit plus facilement dans les boisements éclaircis par les coupes, soit à l'origine de leur mort agit comme une forme de dédouanement. Après tout, les hêtraies sont chez elles en Europe centrale et occidentale. Si même les espèces locales commencent à déclarer forfait, cela ne peut pas être le résultat de l'exploitation forestière – hourra !

Puis arrivent les pseudo-solutions : si, comme le soutient la version officielle, ce sont les espèces qui sont en cause, il n'est pas nécessaire de procéder à des remplacements individuels, c'est toute la forêt qu'il faut changer. Cela peut paraître mégalomaniaque, pourtant c'est déjà ce qu'on a entrepris de faire sur de vastes surfaces. Cette façon de se retrousser les manches, de proclamer «On y arrivera !» est pour les responsables politiques une bonne occasion de faire la démonstration de leur savoir et de leurs capacités d'action – là où les arbres voudraient simplement qu'on les laisse tranquilles.

L'Allemagne cherche le super-arbre

Mars 2019 : dans le décor idyllique du pays de la Havel, la ministre de l'Agriculture Julia Klöckner se trouve sur un terrain déboisé, équipée d'une planteuse avec laquelle elle enfonce des pins douglas dans le sol. Voilà un témoignage d'énergie et de détermination, laissent entendre les photos publiées ultérieurement dans la presse montrant la ministre avec un plant du conifère nord-américain dans la main[1]. En réalité, cette opération dit tout autre chose, elle est le signe d'un « Continuons comme ça ! », d'une ignorance frisant l'acharnement : l'époque des plantations de résineux est révolue depuis longtemps.

D'après un célèbre aphorisme, la folie consiste à refaire constamment la même chose en espérant chaque fois obtenir un résultat différent. « Exploitation forestière classique » pourrait constituer une autre définition de la folie. Dans cet esprit, on ne parle pas de changer de méthode, mais d'adapter la forêt aux méthodes en cours. À l'heure actuelle, l'Allemagne se livre à une sorte de casting dans l'idée de trouver le super-arbre. Or peut-on renouveler les forêts en remplaçant les essences existantes par d'autres ? Certainement pas, ce serait provoquer une grande famine parmi toutes les espèces de la forêt. Pour le comprendre, il suffit de prendre l'exemple de notre propre alimentation.

Les graminées pourvoient à l'essentiel de l'alimentation des êtres humains. Notre régime se constituerait donc majoritairement de plantes ? Voilà qui peut sembler étrange. Mais l'énigme est vite résolue. Maïs, blé, avoine, orge, riz : tous appartiennent à la famille des graminées. Cette liste n'est pas exhaustive, mais elle prouve que ces végétaux jouent un rôle central dans notre quotidien. À elle seule, la part de la consommation directe de céréales se monte à plus de 50 %[2]. S'y ajoute l'emploi des céréales dans l'alimentation animale, si bien que les graines de graminées atterrissent également dans nos assiettes sous la forme d'œufs, de produits laitiers et de viande.

Imaginez que le gouvernement fédéral veuille, dans les années à venir, modifier notre alimentation en abandonnant les céréales qui ont fait leurs preuves au profit d'espèces herbacées telles que l'ivraie, la fétuque des prés ou la houlque laineuse : notre système alimentaire s'effondrerait, car ces variétés ne sont absolument pas adaptées à l'alimentation humaine. Conséquence : la mise en œuvre d'un plan (fictif) de ce genre nous conduirait à la famine. Un gouvernement qui en userait ainsi avec sa population serait sûrement désavoué aux élections suivantes.

Les graminées et les arbres ont un point commun : dans les deux cas, il s'agit d'une catégorisation scientifique très rudimentaire, qui ne permet pas de tirer rapidement des conclusions simples. Mais ce qui apparaît clairement avec les graminées reste, hélas, souvent ignoré à propos des arbres. Car eux aussi servent d'alimentation de base à des milliers d'espèces, animaux, champignons, bactéries, que ce soit sous la forme de fleurs, de fruits, de feuilles, d'écorce, de bois ou d'humus. Remplacer les hêtres ou les chênes locaux par des douglas, des chênes rouges ou des châtaigniers, par exemple, c'est condamner une foule de créatures vivant dans le sol à mourir de faim. Une grande partie d'entre elles ne peut tout simplement pas digérer cette nourriture exotique.

Dans la forêt, les arbres représentent le point de départ de la chaîne alimentaire. Et, au fil des millénaires, cette chaîne est devenue hautement spécialisée. Malheureusement, c'est un fait qui passe largement inaperçu. Dans le règne animal, les chaînes alimentaires se forment d'ordinaire selon un ordre de taille croissant. Les plus grandes créatures se trouvent en général tout à la fin, comme les grands herbivores ou les très grands carnassiers. C'est du moins ce qu'on observe dans des écosystèmes tels que les mers ou les steppes. Si les derniers bénéficiaires de la chaîne alimentaire sont encore présents, c'est que l'écosystème doit être intact. Ils ne peuvent exister, en effet, que si tous les stades antérieurs sont également là. Un coup d'œil aux plus grands spécimens suffit donc pour évaluer de façon approximative l'état de la nature.

Dans la forêt, c'est l'inverse : là, ce sont les plus grandes créatures qui se trouvent au début de la chaîne, raison pour laquelle ceux qui suivent, et ils sont nombreux, deviennent facilement invisibles. La méprise va si loin que beaucoup de gens, même parmi les spécialistes, croient qu'une forêt est constituée pour l'essentiel d'un rassemblement d'arbres. Cette conception se reflète dans les lois qui définissent les forêts exclusivement comme des zones occupées par des arbres. Selon cette logique, si partout poussent des douglas, des châtaigniers, des épicéas ou des pins, alors on doit avoir affaire à une vraie forêt – même si pour des milliers d'espèces locales ce n'est en fait qu'un désert de verdure.

Dans ces conditions, qui s'étonnera qu'on se croie capable de planter une forêt ? On a simplement besoin d'un nombre suffisant de plants, et si les essences présentes ne sont plus propres à être exploitées, alors on en prend d'autres. En fin de compte, cela montre bien que la gestion forestière fonctionne comme l'agriculture – de temps en temps, on change les « légumes ». À cela près que les périodes de production sont nettement plus longues, et donc les impondérables, plus nombreux.

On attend des nouvelles variétés introduites qu'elles supportent les changements actuels en matière de chaleur et de sécheresse. Pour les trouver, on se tourne donc vers des zones climatiques où règnent actuellement les températures et les précipitations que nous connaîtrons dans les décennies à venir, c'est-à-dire quelques degrés de latitude plus au sud.

À partir de là, le choix n'est pas difficile : outre le douglas nord-américain mentionné plus haut et le châtaignier, originaire de l'espace méditerranéen, le noisetier de Byzance (sud-est de l'Europe) ou le hêtre d'Orient (que l'on trouve des Balkans jusqu'en Iran) font figure de grands favoris. Ces quelques espèces, ainsi que d'autres variétés exotiques, sont censées pouvoir encore couvrir les besoins en bois que nous devrions avoir d'ici quatre-vingts ans.

Ce qui laisse songeur, c'est que l'on continue à prôner de vastes boisements de conifères. Cela étant dit, planter des feuillus n'apporte rien à l'environnement local si ce sont des espèces importées. Pourtant, parmi ces végétaux exotiques, on trouve des arbres vraiment impressionnants, tel le paulownia, appelé aussi « arbre impérial ». Il résiste à des températures allant de − 20 °C à + 40 °C et gagne annuellement jusqu'à 4 mètres de hauteur. Sans surprise, au bout de dix ans il peut déjà produire un demi-mètre cube de bois. À titre de comparaison : l'arbre allemand moyen atteint ce même volume de bois au bout de 78 ans d'âge. Le paulownia est donc un véritable arbre turbo, qui plus est agréable à regarder.

En dépit des efforts fébriles qu'elle déploie et des solutions apparentes qu'elle met en œuvre pour assurer l'avenir de nos forêts, l'administration forestière ne peut cacher que tout cela est moins une affaire d'écologie que de production de matières premières. Même les néophytes commencent à comprendre que la forêt est en train de se transformer en usine – en l'occurrence une usine du secteur bois. Ce qui, au bout de quelques années, nous apparaît comme une jeune forêt tout à fait passable représente pour l'écosystème forestier une véritable catastrophe. Pour de nombreuses espèces animales et végétales du cru, l'introduction d'arbres étrangers signifie la perte de leurs moyens de subsistance. Ces nouveaux arbres ne sont qu'une enveloppe vide désormais privée de son contenu, à savoir des milliers d'espèces locales. Seuls survivent quelques généralistes, c'est-à-dire des espèces capables de se débrouiller partout et qui ne sont donc pas menacées.

En fin de compte, la gestion forestière reste attachée à son système traditionnel fondé sur quelques essences d'arbres. Mais contrairement à ce qui se passait auparavant, cette transformation est suivie de près par une opinion publique bien informée et de plus en plus critique. La pression qui en résulte influe sur la façon dont on renouvelle les concepts et la terminologie. Les variétés d'arbres qui poussent plus au sud n'auraient-elles pas migré d'elles-mêmes dans le cadre du réchauffement climatique ? Planter des arbres aimant la chaleur, ne serait-ce pas apporter une aide à la forêt, se livrer à une « migration assistée », pour reprendre l'aimable expression utilisée dans le nouveau jargon administratif ?

Traduisons : ce faisant, on aide simplement les espèces qui de toute façon émigreraient chez nous. Elles sont juste un peu trop lentes, compte tenu du rythme imposé par le changement climatique et ont donc besoin d'un petit coup de pouce[3]. Examinons cette mesure en apparence logique sous deux angles différents.

Lorsque les zones climatiques se décalent, la végétation fait de même. C'est ce qu'on a pu observer après la fin de la dernière période glaciaire. Les glaciers ont reculé, une toundra est apparue, avec des herbes, des lichens, des arbustes. Ensuite naquirent des forêts d'épicéas et de pins remplacés dans un premier temps par les chênes, puis par les hêtres lorsque le climat se réchauffa. Cette migration consécutive au recul des glaciers se poursuit de nos jours. C'est ainsi que le hêtre a atteint le sud de la Suède et que les forêts d'épicéas, qui forment l'avant-garde sur le front des arbres, sont, elles, déjà en Laponie. Déjà ? Les arbres voyagent lentement, ils ne peuvent migrer qu'au fil des générations et mettent des millénaires à parcourir des centaines de kilomètres. À l'heure du réchauffement climatique, toutefois, des critères bien différents prévalent.

Actuellement, les zones climatiques se décalent en l'espace de quelques décennies, un rythme que seules des espèces possédant des graines capables de voler sur de longues distances peuvent maîtriser. Les peupliers et les saules, dont les minicapsules sont enveloppées dans une ouate moelleuse, parviennent déjà à parcourir plus de 100 kilomètres en quelques heures lors d'une bonne tempête estivale. Avec leurs lourdes graines, les chênes et les hêtres, en revanche, sont désavantagés : celles-ci tombent toujours à la verticale de la mère-arbre, quelle que soit la force du vent. Mais ils peuvent compter sur des oiseaux comme le geai pour les transporter quelques kilomètres plus loin (et les enterrer à titre de provisions pour l'hiver). La vitesse de trajet moyenne de ces espèces à graines lourdes est de l'ordre de 400 mètres par an. Autrefois, cela suffisait pour se déplacer d'une zone à l'autre lors d'un changement climatique. De nos jours, c'est un rythme beaucoup trop lent.

Il y a un autre obstacle, bien plus sérieux : les frontières instaurées par les hommes pour délimiter leurs propriétés. Si des arbres voulaient migrer vers le nord, ils devraient être autorisés à coloniser les prairies, les champs et les villes afin de pouvoir se décaler progressivement. Mais qui supporterait de voir sa pelouse occupée temporairement, c'est-à-dire pour un siècle ou plus, par des arbres en cours de migration ?

Non, tout arbre qui s'installe quelque part sans y avoir été invité est supprimé au plus vite. Personnellement, je le comprends très bien. La propriété qui entoure notre maison forestière accueille certes de nombreux arbres, mais il y a aussi des pelouses sur lesquelles nous aimons prendre le café ou jouer au badminton. Laisser les arbres occuper tout le terrain me paraîtrait excessif. Et comme ce sentiment est largement partagé, les arbres désireux de bouger sont retenus prisonniers des zones forestières qui leur ont été attribuées. C'est une façon radicale de couper court à une réaction migratoire naturelle qui vise à compenser la hausse des températures.

Dès lors, en exportant vers le nord des essences originaires de contrées plus méridionales, l'administration forestière ne ferait, selon elle, qu'aider les arbres à franchir de longues distances pour les amener là où ils voulaient se rendre. Mais c'est là que ça se corse : comment les forestiers pourraient-ils deviner quelles espèces arriveraient jusqu'à chez nous sans notre aide ? Et, dans le cas où elles y parviendraient, comment savoir si elles s'implanteraient durablement? Pour certaines variétés, la réponse est simple : les douglas, par exemple, ne font assurément pas partie de cette catégorie – ils n'ont même pas réussi à migrer jusqu'à la côte est des États-Unis. Nous pouvons donc supposer sans crainte qu'ils n'auraient jamais pu traverser l'Atlantique pour aborder en Europe de l'Ouest.

Même le paulownia, l'arbre à grande vitesse originaire de Chine, ne serait sûrement pas arrivé seul jusque chez nous ni en Amérique du Nord, où il envahit massivement des bouts de zones déboisées. C'est le cas en principe pour toutes les essences non locales, car même le noisetier de Byzance, chez lui dans les Balkans ou en Turquie, se trouve trop loin du centre de l'Europe pour qu'on puisse lui reconnaître un réel intérêt en termes migratoires dans les siècles à venir.

Cependant les nouvelles stars de l'exploitation forestière ont, sur le plan purement économique, un avantage imbattable : elles sont considérées comme plus robustes face aux nuisibles. Les champignons et les insectes paraissent les trouver nettement moins à leur goût que les hêtres, les chênes ou les épicéas. Ce qui est tout à fait juste, et même au sens propre du terme : ces garnements font une fixation sur nos espèces locales, ils n'aiment que les feuilles, l'écorce et le bois des arbres connus. À cet égard, leur comportement alimentaire ressemble au nôtre.

Les essences importées le sont généralement sous la forme de graines et non d'arbustes. Par conséquent, elles sont dépourvues de parasites, autrement dit «clean». Les douglas, les chênes rouges et les noisetiers de Byzance poussent donc en bonne santé, alors que les épicéas et les pins se font dévorer par des myriades d'insectes. Le forestier se croit en sécurité – mais il se trompe. Car, peu à peu, la situation évolue. La mondialisation des échanges commerciaux génère un nombre croissant de passagers clandestins appartenant au règne des champignons et des insectes. Lesquels sont ravis de trouver leurs mets préférés déjà sur place.

Parmi ces passagers, la cécidomyie. Ce moustique se présente sous une forme inoffensive, si minuscule que plusieurs de ses larves peuvent tenir dans une aiguille de douglas. Là, elles grignotent leur hôte à l'abri des oiseaux jusqu'à ce qu'elles sortent, se transforment en chrysalides et réitèrent leur cycle une fois passé l'hiver. Pour le douglas, c'est une catastrophe, car en cas d'invasion massive il perd toutes ses aiguilles. Or sans leurs aiguilles, les arbres meurent de faim. C'est ce que l'on observe de plus en plus souvent depuis 2016, comme dans la forêt de la petite ville de Rheinbach. Le forestier en charge des lieux a déclaré en 2018 dans un quotidien que le douglas était l'espèce qui lui causait le plus d'inquiétudes[4]. La même année, Julia Klöckner plantait allègrement des douglas afin de rendre les forêts plus résistantes au réchauffement climatique.

Qu'en est-il du noisetier de Byzance ? On ne le rencontre plus guère, même dans sa patrie d'origine, qui s'étend des Balkans à l'Afghanistan. Chez nous, on le voit ici et là dans les villes. Dans la forêt, en revanche, il est excessivement rare. Le noisetier de Byzance supporte bien la chaleur et la sécheresse, en outre il est fort sympathique : son bois est dur et robuste et, tout comme la version arbuste, il produit des noisettes comestibles, si bien qu'il représente pour nous un double gain. Ces derniers temps, toutefois, on a vu se multiplier un hôte indésirable, la tenthrède, qui a manifestement pris goût à cet arbre. Ses larves en dévorent les feuilles jusqu'aux nervures, rendant la photosynthèse impossible. Pour le moment, cela ne pose pas encore de problème, les plantations de cette variété d'arbres étant rares. Mais la nature nous adresse déjà un avertissement ; elle nous indique ce qui se passerait si nous plantions un plus grand nombre de ces arbres séduisants[5].

Importer des espèces étrangères reviendrait donc à jouer à la roulette en misant tout sur un chiffre. Pourtant, les exploitants forestiers n'ont pas classé définitivement le dossier de l'aide à la migration. On développe d'autres idées : prendre des essences locales telles que le hêtre ou le chêne, mais se procurer des spécimens capables de supporter un climat chaud en prélevant des arbres à la périphérie sud de leur zone de répartition géographique. Le hêtre se rencontre jusqu'en Sicile ou, au sud-est, jusqu'à la mer Noire. Ne serait-il pas légitime d'utiliser les graines de ces populations méridionales afin d'obtenir des arbres résistants à la chaleur pour les reboisements dans les régions plus septentrionales ? Leurs descendants devraient avoir une expérience suffisante des périodes de sécheresse et l'on n'aurait pas à craindre de préjudices pour l'écosystème local, puisque ce sont des représentants de la même espèce. Les champignons et les animaux qui vivent en relation avec le hêtre ne seraient pas lésés, bien au contraire : leur écosystème, leur nourriture de base resteraient intacts en dépit de la hausse des températures.

Ces arguments ne sont pas absurdes, cependant le réchauffement climatique ne devrait pas nous inciter à passer sans réfléchir à d'autres espèces d'arbres. Oui, le climat se modifie, mais nul ne saurait prédire le rythme et les répercussions locales des changements. Pensons à ces dernières années, où la chaleur et la sécheresse ont augmenté étonnamment vite. Ceux qui misent aujourd'hui sur les populations du Sud croient être en mesure de prévoir l'évolution du climat pour les deux prochains siècles.

L'ALLEMAGNE CHERCHE LE SUPER-ARBRE

Le mois de mai 2020 a fourni la meilleure contradiction possible à ces forestiers qui pensent pouvoir prédire l'avenir. Vers le milieu du joli mois de mai, le thermomètre est descendu dans la nuit jusqu'à − 10 °C, si bien que même les pousses et les nouvelles feuilles des robustes chênes ont gelé. Par conséquent, on ne devrait pas choisir les arbres en se fondant sur les températures moyennes, mais sur les extrêmes qui peuvent survenir localement. Les arbres vivent très longtemps ; espérer que ce genre de coup de froid se raréfie ne suffira donc pas. Même si une espèce aimant la chaleur fait connaissance avec une gelée tardive au bout de dix ans, plutôt qu'au bout de deux ans, elle succombera de la même façon.

Les hêtres ou les chênes des contrées méridionales présentent encore d'autres désavantages : ils ne connaissent rien de nos conditions de vie locales − gelées tardives, mais aussi une différence dans la quantité et la répartition annuelle des précipitations. Même les sols et la multiplicité de micro-organismes qui y vivent constituent pour les nouveaux arrivants un défi considérable, qui n'a pas encore été étudié. Si l'on importe des semences de populations étrangères en Allemagne, on risque aussi d'introduire des maladies encore inconnues.

Connaissez-vous la « dendrovirologie » ? Il s'agit d'une nouvelle branche de la science fondée à l'université Humboldt de Berlin, où chercheuses et chercheurs s'intéressent à la question de savoir si les arbres peuvent eux aussi attraper la grippe. Cela paraît absurde ? Non, en réalité il est tout à fait logique que les végétaux soient eux aussi victimes de virus et tombent malades. Dans le cas des arbres, l'un des coupables s'appelle non pas SARS-CoV-2 (coronavirus) mais EMARaV (*European mountain ash ringspot-associated virus*, « Virus associé aux taches en anneaux du sorbier d'Europe»). Ce virus s'attaque tant au sorbier qu'au chêne, au frêne, au peuplier et à d'autres espèces. Il abîme les feuilles, ce qui affaiblit l'arbre.

On pourrait penser qu'entre les arbres les contacts sont plutôt rares. Si l'être humain demeurait sur place, il n'y aurait jamais eu de pandémie du coronavirus. Chez les arbres, toutefois, ce mouvement est pris en charge par d'autres : les insectes. Ceux-ci volent ou se déplacent sur le sol d'arbre en arbre et de forêt en forêt à la recherche de sucs savoureux. Ce faisant, ils transportent avec eux des agents pathogènes qui se transmettent à l'arbre lorsqu'ils s'attaquent à une feuille. Les scientifiques de Berlin s'intéressent à d'autres nouveaux virus déjà largement répandus parmi les feuillus d'Europe et qui, en plus des habituels champignons et bactéries, contribuent eux aussi à affaiblir les arbres[6].

Pourtant, les forestiers se soucient plutôt des champignons et des bactéries. Il ne semble pas leur venir à l'esprit que les virus puissent jouer dans le monde des arbres un rôle aussi important que chez les humains. Lorsqu'on importe des semences de forêts du sud vers le nord, il n'est pas absurde de penser qu'on peut introduire des virus. Peuvent-ils agir chez nous et, si oui, de quelle façon ? Voilà qui n'a pas encore été élucidé – pour cela, il faudrait commencer par en réaliser une étude exhaustive. Or, comme vous le savez, même avec les bactéries, nous sommes confrontés à des territoires inconnus. C'est dire si nous sommes perdus face à ces créatures encore plus petites.

Il y a de nombreux autres facteurs dont on ne sait s'ils ont une influence sur l'état des arbres. Prenons par exemple la longueur des journées. En Sicile, la zone de répartition du hêtre la plus méridionale, les journées de juin font deux heures de moins qu'à Hambourg. Cela semble insignifiant, mais comme nous l'avons vu, l'ensoleillement signifie du sucre et donc de la nourriture pour les arbres. En lâchant dans le Nord des semences d'arbres qui ne sont pas familiers des conditions d'existence locales, nous ignorons ce qui se produira. Certes, après la période glaciaire, le hêtre a migré vers le nord, mais ce phénomène s'est produit très progressivement et sur plusieurs milliers d'années. Les hêtres ont ainsi eu tout le temps de s'adapter ou, pour le dire autrement, d'apprendre. Au regard de la situation environnementale, en revanche, les hêtres du Sud n'ont rien appris – comment auraient-ils pu ? De ce fait, les nouveaux venus sont à rude école, et l'issue est incertaine.

Alors pourquoi devrait-on aider des espèces à migrer vers le nord ? Nous voyons bien que nos hêtres locaux sont en train d'apprendre, qu'ils s'adaptent et transmettent immédiatement leur expérience à leur progéniture. On le constate une fois de plus : l'impatience de l'homme, obsédé par l'exploitation, se conjugue mal avec la lenteur de l'arbre, qui ne devrait être observée qu'avec empathie.

Les arbres approuvent-ils cette « migration assistée » ? La forêt le souhaite-t-elle réellement ? On peut en douter. Jusqu'à présent, l'écosystème local est parvenu avec succès à faire face aux changements, à condition de ne pas être trop dérangé, voire détruit, par les actrices et acteurs de l'économie forestière.

Cependant, dans son souci d'autorégulation, la nature n'a pas le temps de souffler. Car la transformation des forêts, l'établissement à grands frais de nouvelles plantations sont désormais sous-tendus par un argument financièrement puissant : les entreprises développent leur image écolo.

Méfions-nous des bonnes intentions

Planter des arbres est à la mode. Il n'y a qu'à voir les nombreux dépliants publicitaires et clips télévisés qui montrent des gens tout sourire en train de planter des arbres dans la forêt afin de lutter contre le réchauffement climatique.

Planter est un geste actif, porteur d'espoir et qui ouvre une voie aux générations suivantes. Après tout, un arbre ne peut-il pas atteindre 500 ans ? Au cours de cette longue vie, il ne fait pas qu'absorber de grandes quantités de carbone. Il enrichit également notre air en oxygène et abrite qui plus est un nombre incalculable d'espèces.

Voilà qui paraît encourageant. Malheureusement, la mise en œuvre de ce type d'initiative laisse généralement à désirer. J'en donnerai un exemple typique, celui d'une grande chaîne de supermarchés de bricolage. Fin 2020, celle-ci a fait de la publicité au moyen de prospectus et de spots pour la plantation d'un million d'arbres[1]. Sur le principe, c'est très sympathique, car il n'y a jamais assez d'arbres. Un million de plants correspond, en fonction de la distance établie entre les arbres, à une superficie de 1 à 3 kilomètres carrés de nouvelle forêt. Mais s'agit-il vraiment de cela ?

L'entreprise faisait plutôt de la publicité pour la transformation de plantations existantes, dans le but de rendre la forêt plus résistante au climat. En bref : on chasse les épicéas, on fait venir les feuillus. Cela pourrait tout de même être positif si la nature en retirait un réel avantage. Pour y voir un peu plus clair, examinons la façon dont cette opération a été menée. L'entreprise de bricolage avait pour partenaire la Schutzgemeinschaft Deutscher Wald (SDW), une association de protection de la nature reconnue[2]. Quand on sait que le Deutsche Jagdverband, la fédération allemande de la chasse, par exemple, porte elle aussi cette étiquette, on comprendra que cela ne veut pas dire grand-chose en soi.

Dans le point 2 de ses missions, la SDW affiche l'objectif suivant : « Nous plaçons la forêt avec ses fonctions culturelles, économiques et écologiques au centre de notre travail[3]. » Est-ce un hasard si la fonction écologique figure après la fonction économique ? Certainement pas, car cette association de protection soutient l'image de l'administration forestière auprès de l'opinion publique à l'aide de nombreuses actions. Elles organisent conjointement des compétitions scolaires où écolières et écoliers apprennent, entre autres, que la forêt est gérée pour son bien. La SDW s'est donc chargée de la mise en œuvre de l'opération menée par l'entreprise de bricolage et explique aux propriétaires de forêts désireux de participer comment procéder. Les directives s'apparentent au programme de transformation mené par les administrations forestières de l'État. Elles n'envisagent que des essences adaptées à l'implantation, manière détournée de dire que les espèces étrangères peuvent tout à fait correspondre à ce critère[4].

Franchement : si vous faites don d'un arbre, ne devrait-il pas être offert à la nature et pouvoir vieillir tranquillement ? Ne devrait-il pas grandir dans une forêt où les arbres s'apportent un soutien mutuel, rafraîchissent leur environnement et accroissent le volume de précipitations ? Bref : dans ces conditions, votre arbre n'apporterait-il pas sa contribution à une zone protégée qui ne subit aucune atteinte ?

La réalité est bien différente. Les plants se retrouvent dans des forêts exploitées où on ne leur accorde, comme à l'ordinaire, que quelques décennies de vie en moyenne. Dans la plupart des cas, leur bois est destiné à un usage commercial. L'écosystème forestier et l'atmosphère sont tous deux perdants : tôt ou tard, le carbone stocké dans les arbres retournera dans l'atmosphère – au bout du compte, tous les produits en bois finissent un jour dans un incinérateur, une décharge ou une centrale de recyclage.

Toutefois, on n'a pas attendu le sponsoring économique pour se mettre à planter frénétiquement de jeunes arbres. Si l'on veut un exemple caractéristique de ces plantations réalisées à grands frais et un aperçu de leur avenir, il suffit de s'intéresser aux parcelles sinistrées de Treuenbrietzen. Au cours de la sécheresse estivale de 2018, environ 4 kilomètres carrés de plantations de pins ont flambé, et j'ai absolument voulu aller voir cette zone. En Allemagne, les incendies forestiers sont très peu fréquents, car nos anciennes forêts primaires de feuillus ne pouvaient pas brûler. Ce n'est qu'avec l'introduction des vastes plantations de conifères, dont les branches et les aiguilles imprégnées de résine s'enflamment facilement, que les incendies sont devenus un problème de plus en plus grave.

Le Pr Pierre Ibisch effectue des recherches dans les zones d'incendies de forêt. En compagnie de la biologiste Jeanette Blumröder, il s'intéresse au reboisement naturel advenant sans l'aide de l'homme. Au début du mois de mai 2019, nous nous sommes donné rendez-vous avec Jörg Adolph, Daniel Schönauer (les cameramen du film *La Vie secrète des arbres*) et Pierre Ibisch sur les lieux de l'incendie. Notre groupe s'est promené au milieu des troncs calcinés. Étonnés, nous avons constaté que beaucoup avaient survécu au feu, quoique fortement abîmés. Je m'étais attendu à voir une surface dévastée, avec quelques souches émergeant tristement des cendres. Or, pour l'essentiel, le feu n'avait fait que traverser le sous-bois et roussir les pins sur 5 à 6 mètres de hauteur sans les carboniser. La forêt était demeurée entière, mais montrait des teintes marron-noir au lieu de son habituel marron-vert.

Nos pas soulevaient de la cendre, ce qui renforçait le côté apocalyptique de la scène. Mais, stop ! Çà et là, un peu de verdure pointait sur le sol calciné. Nous nous sommes accroupis, avons précautionneusement palpé les petits pionniers de nos doigts noircis. C'étaient bien des arbres ! Minuscules et à peine reconnaissables, mais par endroits on discernait effectivement des amorces d'érables et de pins. Cela étant, d'ici à affirmer que ces maigres espoirs disséminés dans un gigantesque et noir décor de fin du monde pourraient constituer le prélude à de robustes forêts, il y a un pas que seuls de grands optimistes franchiraient.

Quelques centaines de mètres plus loin, j'ai pu observer avec étonnement une autre façon de gérer les surfaces brûlées. Là, le propriétaire avait fait abattre tous les troncs, morts ou vivants. En ce mois de mai, nous apercevions encore à l'horizon de cette énorme zone déboisée une de ces machines de bûcheronnage que j'ai décrites plus haut, capables d'abattre un arbre en quelques secondes, de lui ôter ses branches et de le débiter en morceaux manipulables. L'engin engloutissait les pins roussis les uns après les autres, pour ne laisser derrière lui qu'un désert. Les

MÉFIONS-NOUS DES BONNES INTENTIONS

traces de tracteur ajoutaient au caractère sinistre du décor. Un forestier qui se trouvait là nous expliqua qu'ensuite on retournerait tout le sol de la forêt. On savait par expérience que, dans le Brandebourg, la forêt ne repoussait pas d'elle-même.

Dans les traces de labour, c'est-à-dire dans le sable nu, débarrassé de l'humus, l'entreprise forestière avait planté de petits pins, d'à peine 10 centimètres de haut. Des pins? Je demandai au collègue pourquoi on refaisait à cet endroit la même erreur. C'est pourtant évident, me répondit-il. Il était bien connu que les sols sableux du Brandebourg ne pouvaient accueillir que des pins ou presque. Pour ma part, j'étais convaincu du contraire: des siècles durant, cet endroit avait été essentiellement occupé par des forêts primaires de hêtres. J'objectai également que les efforts déployés ne se justifiaient même pas économiquement parlant. « Oh que si ! » me contredit vivement mon interlocuteur. Et il nous expliqua que cette plantation se révélerait payante en une centaine d'années.

En pareil cas, mon appli sur les intérêts composés est très utile. Elle permet de calculer rapidement s'il vaut effectivement la peine d'investir dans une forêt. « Stop ! me dira-t-on. La forêt n'a pas à être rentable. » S'il s'agit d'une authentique forêt, je suis parfaitement d'accord. Mais celle-ci reparaît d'elle-même presque partout et sans coût, ainsi que nous le verrons plus loin, et sa qualité écologique est même presque supérieure. Dans bien des cas, il peut aussi être utile de planter en complément des espèces locales rares, qui revalorisent écologiquement une jeune forêt.

En revanche, un reboisement à des fins de récolte doit être considéré à l'égal d'un investissement dans l'immobilier, les valeurs mobilières ou l'or – et rapporter en conséquence. On entend généralement dire que les intérêts sont au plus bas. Mais cela concerne tout au plus l'argent placé sur un compte courant ou un compte d'épargne. Tous les autres placements sont d'un bon rendement. Si l'on tient compte de l'inflation, certaines actions peuvent rapporter plus de 6 % en quelques décennies[5].

Planter des pins est relativement bon marché : avec les travaux de dégagement et de labourage, on est à 4 000 euros de dépense par hectare. L'investissement s'évalue sur une centaine d'années – le temps qu'il faut aux troncs pour devenir suffisamment gros et être envoyés à la scierie. Dans l'intervalle, on récolte tout de même du bois à l'occasion d'éclaircies, mais celui-ci est mince et de moindre qualité. En règle générale, il ne couvre même pas les frais occasionnés par la gestion de la forêt et la récolte.

Nous commençons donc à 4 000 euros et, sur la base d'un rendement de 6 %, laissons courir l'investissement sur cent ans. Vous l'aurez sans doute deviné : cette longue durée implique un investissement très important, de 1,3 million d'euros. Si la plantation – un désert écologique – s'en sort mieux que le reboisement naturel, il vaut la peine d'investir dans la vente du bois. Autrement, autant mettre son argent dans des titres ou d'autres formes de placement. Or, au bout d'un siècle, la plantation de pins ne rapporte que 12 000 euros[6], rendement très inférieur à celui des autres types de placement.

On pourrait faire le même genre de calcul avec presque toutes les dépenses effectuées par l'exploitation forestière. Le résultat est clair : lorsqu'on travaille contre la nature, on ne peut espérer de gains raisonnables. En deux mots : planter, c'est perdre.

Les actions bien intentionnées des entreprises et des personnes privées dans les forêts publiques ont un autre effet discutable : elles sont portées au crédit de l'administration forestière, c'est-à-dire des mêmes autorités de tutelle qui avaient créé un véritable désastre écologique en plantant des épicéas et des pins des décennies durant, et ce à grande échelle. Un franc succès : désormais, plus de la moitié des forêts allemandes sont constituées de conifères non locaux.

Cette politique était vouée à l'échec de toute façon. Avant même les étés secs 2018, 2019 et 2020, plus de la moitié des épicéas, l'essence la plus importante pour l'économie forestière, avaient déjà succombé aux bostryches et aux intempéries. C'était pour ainsi dire une catastrophe économique planifiée, un désastre prévisible, que l'on n'a cessé ensuite de réparer en puisant dans les deniers publics. Tout comme les propriétaires de forêts privées, l'administration publique a l'obligation légale de reboiser rapidement. Autrement dit : les zones forestières dans lesquelles des individus bien intentionnés ou des entreprises généreuses plantent des arbres auraient de toute façon été reboisées, puisque les autorités de tutelle auraient fait le nécessaire.

Ces initiatives bénévoles ne soulagent même pas les propriétaires d'une partie des coûts car, dans les forêts privées et communales, le reboisement après une catastrophe et la transformation d'une plantation bénéficient de toute façon de subventions importantes. Au final, les entreprises auront réalisé une énorme opération de communication et les bénévoles auront le sentiment illusoire d'avoir accompli une bonne action. La nature, elle, sera une fois de plus la perdante de l'affaire.

Il existe quelques rares cas où replanter une forêt peut paraître judicieux. Par exemple, là où, dans une vaste zone, on ne trouve plus de vieux arbres susceptibles de se reproduire. C'est le cas sur les terres agricoles. Laisser la forêt se reconstituer prendrait du temps, ce qui en soi n'est pas un problème – il s'agit d'un processus naturel, qui a bien droit à la lenteur. La nature a donc le temps, mais c'est moins vrai en ce qui concerne l'homme. Si l'on voit le reboisement non pas tant comme un retour de la nature que comme un remède au réchauffement climatique, il n'y a pas de mal à donner un coup d'accélérateur. Et on peut le faire avec succès, surtout si l'on n'utilise que des arbres locaux tels que le hêtre, le chêne ou le bouleau.

Cependant les arbustes se retrouvent d'emblée face à d'énormes difficultés. Le problème numéro 1, ce sont les racines. Un hêtre de 40 centimètres possède un système racinaire qui se déploie sur plus de 1 mètre carré. Déterrer ou planter ce type de racines ne se fait pas sans dommages. Sans compter le poids de la terre qui y adhère, qui implique à lui seul d'utiliser une excavatrice pour transporter l'arbuste et le planter. Or personne n'accepterait de prendre en charge ce genre de coûts. Au contraire, l'opération doit être rapide et bon marché. De même que dans l'agriculture, on tire les prix vers le bas : un petit hêtre – ou chêne – ne doit pas coûter plus de 2,50 euros pièce, plantation comprise !

Un arbuste qui soit le plus grand possible, le moins cher possible, et rapide à planter – ces exigences conduisent au résultat suivant : il faut que le système racinaire soit le plus petit possible afin de pouvoir s'insérer dans un trou de faibles dimensions (et rapide à creuser). En conséquence, on le taille une première fois à la pépinière et, souvent aussi, une seconde fois dans la forêt. Aïe ! Les extrémités des racines sont les organes les plus sensibles de l'arbre. Les chercheurs y ont découvert des structures analogues à celles du cerveau – et des processus similaires. C'est à cet endroit que l'arbre décide de la quantité de liquide qu'il va absorber, qu'il choisit le voisin auquel il fera parvenir une solution sucrée par l'intermédiaire de son réseau souterrain, ou les champignons avec lesquels il va s'allier.

Si l'on rogne cette délicate partie de l'arbre, elle se régénère, certes, mais ne retrouve plus jamais sa qualité initiale. Les arbres n'enfoncent plus leurs racines loin dans le sol et ne se connectent plus guère les uns aux autres. La communication par ce biais devient quasiment impossible, ce qui rend la crèche d'arbustes plus vulnérable aux assauts des insectes et des herbivores. En temps normal, le spécimen atteint en premier avertit ses congénères au moyen d'un SOS chimique, si bien que ceux-ci peuvent anticiper et se préparer à l'attaque en stockant des substances toxiques. Or là, c'est comme si la jeune forêt était réduite au silence et perdait son sens de l'orientation.

Autre conséquence de cette amputation : des racines plates, qui ne permettent pas à l'arbre de s'ancrer correctement dans le sol. Ni d'atteindre les couches plus profondes où se trouvent les réserves d'eau hivernales nécessaires à sa survie. Voilà pourquoi les boisements effectués en 2019 et 2020 se dessèchent souvent dès la première année. Les jeunes arbres du même âge qui ont poussé librement dans leur voisinage immédiat sont toujours verts, même au plus fort de la chaleur estivale. Ces spécimens sauvages jouissent également d'un tout autre avantage : ils sont issus des alentours, connaissent le climat et sont bien adaptés à ses rudesses. Leurs cousins des pépinières, en revanche, sont de véritables débutants. Ils n'ont pas fait l'expérience des étés chauds puisqu'ils ont eu droit à un arrosage régulier. Comment auraient-ils appris à gérer l'eau ?

À quoi s'ajoutent les substances dopantes qu'on leur a données sous la forme d'engrais. Nutriments en abondance, un degré d'humidité du sol que même les meilleures forêts ne peuvent pas toujours offrir : la vie en pépinière durant les trois premières années ressemble à un conte de fées. Mais le rêve se dissipe lorsque le petit chêne ou le petit hêtre se retrouve soudain sur le terrain débarrassé de ses épicéas. Enfoncé dans un trou, tassé précipitamment avec ses racines : le réveil est brutal. Les racines, tordues et comprimées, ont beaucoup plus de mal à absorber l'eau – à supposer qu'il en reste après le passage des engins massifs.

Il existe un autre grave désavantage : les arbustes de la pépinière en savent trop peu. Il leur manque non seulement ce qu'ils auraient pu apprendre par eux-mêmes, mais aussi et surtout les informations que leurs parents leur auraient communiquées en temps ordinaire. Nous l'avons vu, ceux-ci leur transmettent le concentré d'expérience de leur vie par le biais de substances épigénétiques, qui passent à la génération suivante lors de la formation de la graine. Ainsi, les nouveaux arbres « savent » tout de suite quel comportement adopter en fonction du sol, de la quantité de précipitations ou des températures estivales du moment.

Mais cela n'est valide que sur les quelques mètres carrés où se trouvent les parents. Repensons aux hêtres de Wershofen, qui réagissent différemment selon qu'ils sont sur le versant sud ou nord. Leur progéniture ne reçoit pas les mêmes règles de comportement en partage.

Les enseignements que les arbustes de la pépinière ont emmagasinés ne leur sont guère utiles dans leur nouvel emplacement. Leurs mères, des spécimens sans défauts qui croissent dans quelques plantations homologuées par l'État à des fins de récolte, sont surtout choisies en fonction de leur exploitabilité. Ces plantations peuvent se trouver en Forêt-Noire tandis que la progéniture grandira dans la région de l'Eifel.

Les forêts naturelles présentent également un avantage supplémentaire quand il s'agit de réagir aux nouveaux défis environnementaux. Au cours de sa vie, un hêtre produit en moyenne 2 millions de graines, chacune dotée de propriétés différentes. D'un point de vue purement statistique, il n'y en a qu'une seule qui deviendra un arbre adulte prenant la place de sa mère. Et c'est, très logiquement, celle qui s'accommode le mieux des conditions de vie à cet endroit précis.

Il n'en va pas de même avec le reboisement de terres agricoles. Mais comment ramener intelligemment la forêt dans ces déserts écologiques s'il faut faire vite ? De manière toute simple : en simulant le reboisement naturel en accéléré. Pour cela, il faut commencer par planter des bouleaux ou des trembles. Ces arbres pionniers sont parmi les premiers à s'installer. Et en l'absence de mères-arbres dans un vaste rayon, on peut donner un coup de pouce en plantant 500 arbustes par hectare. Avec une croissance pouvant atteindre un mètre par an, ils forment rapidement une petite forêt assurant de l'ombre et une bonne humidité du sol.
Les hêtres que l'on peut planter quelques années plus tard se sentent bien dans le climat instauré par ces nourrices. Encore mieux, on peut utiliser des caisses de semences que l'on fixe sur des poteaux. On les remplit de faînes ou de glands, que les geais ou les corneilles des environs dissimulent à titre de réserves pour l'hiver. Les oiseaux aimant jouer la carte de la sécurité, ils cachent jusqu'à 10 000 de ces graines alors qu'ils en consomment à peine 2 000. Ce surplus important germe au printemps, assurant aux arbres une progéniture à bas coût. La dépense ne se monte qu'à quelques euros et les jeunes arbres grandissent avec des racines intactes presque comme dans une forêt naturelle. « Presque », parce qu'il leur manque les mères-arbres. Ces dernières peuvent être remplacées en partie par les bouleaux

qui procurent ombre et humidité, mais pas quand il s'agit du transfert de nourriture et d'informations.

Plus on travaille avec la nature, moins les succès sont spectaculaires. Il n'y a pas de quoi pavoiser lorsqu'on s'est borné à attendre et à laisser faire. Les campagnes de communication qui montrent des gens contemplant la nature, les mains dans les poches, ne présentent pas un grand intérêt. La capacité d'action ne se prouve que par l'action, la capacité d'action politique par la mise à disposition de fonds. Malheureusement, les conséquences de notre coûteuse prédilection pour les plantations ne se font pas seulement sentir sur les arbres mais aussi sur le règne animal. Celui-ci se retrouve de plus en plus dans le collimateur des intérêts économiques – et ce n'est pas une simple image.

Le chevreuil : un coupable idéal ?

LE RENOUVELLEMENT DES PLANTATIONS S'ACCOMPAGNE D'UN vacarme tonitruant, car les projectiles sont de plus en plus nombreux à siffler au-dessus des arbustes fraîchement plantés. Les cibles de ces tirs sont de grands mammifères, notamment les cerfs et les chevreuils. Ennemis d'élection de la nouvelle forêt, ils ont pris sans transition la relève des bostryches dans le rôle du méchant. L'insecte a laissé des forêts entières d'épicéas à l'agonie. Et voilà que les jeunes arbres de pépinière qu'on a plantés en remplacement risquent d'être victimes du féroce appétit des animaux sauvages. Mais là aussi, comme vous l'aurez peut-être deviné, on pratique l'art de la diversion : en d'autres termes, on cherche un bouc émissaire. Les hommes politiques, avec l'appui de quelques associations pour la protection de l'environnement, réclament une forte augmentation de la chasse et cherchent à introduire toutes sortes d'allègements aux directives de protection en usage. Et c'est vrai : les dégâts commis contre les pousses de jeunes feuillus pourraient faire capoter le concept du reboisement écologique dans de nombreux endroits. Mais est-ce réellement la faute des cerfs et des chevreuils ?

Par nature, il n'y a que très peu d'herbivores capables de survivre dans la forêt. À l'ombre des couronnes de hêtres et de chênes, on ne trouve quasiment pas d'herbe, de sorte que c'est la faim assurée. Les chevreuils préfèrent donc fréquenter les forêts qui bordent les cours d'eau. Là, autrefois du moins, les glaces flottantes débarrassaient de vastes zones de leurs arbres lors de la fonte des neiges. Les gros blocs de glace entraînés par la première crue de l'année rasaient impitoyablement les petits arbres et endommageaient gravement les plus grands. Aujourd'hui encore, de gros chênes des bords de l'Elbe gardent des cicatrices datant du milieu du siècle précédent. Lorsque le niveau de l'eau baissait, herbes et graminées se répandaient rapidement sur les rives et dans les prairies. Ces endroits offraient d'excellentes conditions de vie aux cerfs ainsi qu'aux bœufs et chevaux sauvages. Quand il faisait trop chaud l'été et que les moustiques devenaient insupportables, ces animaux migraient dans la montagne, à la lisière des zones boisées. Là, il faisait déjà frais et, comme les arbres étaient moins nombreux, l'herbe poussait sans problème.

Les chevreuils, eux, ont des territoires, ce ne sont pas des vagabonds. Ils se cherchent de petits espaces abîmés dans la forêt. Par exemple, des dizaines de vieux arbres abattus par une tornade d'été ou un puissant hêtre affaibli par l'âge qui s'est effondré. À ces endroits, des îlots de lumière se forment sur le sol. Le soleil réchauffe la couche d'humus, et les herbes et les graminées trouvent une rare occasion de s'implanter, au moins temporairement. Les chevreuils se nourrissent de ces zones de verdure. Du moins c'est ce qu'ils faisaient, jusqu'à ce que l'homme entre en scène. Celui-ci a opéré de telles transformations dans le paysage qu'à l'heure actuelle la forêt ne consiste plus qu'en îlots de lumière. Sur le principe, chaque éclaircie imite la tornade

LE CHEVREUIL : UN COUPABLE IDÉAL ?

d'été, chaque abattage de masse apporte chaleur et ensoleillement au sol. Alors que, même l'été, les ancestrales forêts de feuillus à peu près intactes paraissent généralement brunes dans l'éternel demi-jour qui règne près du sol, le parterre des forêts éclaircies que l'on exploite est d'un vert exubérant. Ronciers, framboisiers, graminées et noisetiers y prolifèrent, alors qu'ils n'auraient quasiment aucune chance de se développer dans une forêt naturelle.

Les plantes basses sont une aubaine pour les chevreuils et les cerfs. Ils se remplissent la panse de ces mets délicats autrefois rares, mais que la gestion forestière moderne a transformés en une banale nourriture quotidienne. Les plantes à feuillage persistant telles que le roncier jouent un rôle important pour les herbivores. Durant les mois de février et de mars, les forêts fournissent généralement si peu à manger qu'un grand nombre d'animaux meurt de faim. Cela paraîtra brutal, mais c'est un facteur de régulation naturel qui ramène les populations au niveau de l'offre alimentaire. Bien sûr, ce facteur de régulation connaît des variations. Si, durant l'automne, les hêtres et les chênes portent des fruits en abondance, l'hiver sera assuré pour beaucoup d'espèces animales. Les graines oléagineuses et farineuses apportent aux bêtes suffisamment de calories pour qu'elles puissent tenir jusqu'au printemps suivant. Les années sans faînes ni glands, on fait maigre chère. Mais en raison de l'exploitation forestière et du nourrissage hivernal par les chasseurs, ces périodes de pénurie ne surviennent plus que très rarement. De nombreuses parcelles boisées sont désormais largement recouvertes de ronciers qui ont toujours une collation de feuilles vertes à offrir, même lors de neiges abondantes. À l'heure actuelle, une grande partie de la faune sauvage est donc fortement impactée par l'effondrement des plantations de conifères.

La plupart des entreprises forestières abattent les forêts mortes. De ce fait, le sol chauffe considérablement sous l'effet de l'ensoleillement. Champignons et bactéries se multiplient sans frein et décomposent les branches, les aiguilles et l'humus à toute allure. En l'espace de quelques années, ce phénomène libère tant d'azote et de substances nutritives qu'on assiste à une véritable explosion d'herbes et d'arbustes. Les plantes qui ont bénéficié de cet engrais sont particulièrement nourrissantes, ce qui attire irrésistiblement les chevreuils et les cerfs. Et comme l'offre alimentaire favorise la reproduction, les populations s'accroissent fortement.

Les arbustes issus des pépinières aggravent encore la situation. Les petits hêtres et les petits chênes ont été gâtés, ils ont joui d'un apport d'eau et d'engrais. Ils arrivent avec des bourgeons gonflés et juteux sur des parcelles souvent rasées afin qu'on puisse y travailler plus facilement. Formidable ! Les chevreuils et les cerfs ont eux aussi la tâche plus aisée et peuvent croquer en toute tranquillité dans ces morceaux de choix soigneusement alignés.

Ce jeu entre la faune sauvage et les surfaces déboisées, j'ai eu plus d'une fois l'occasion de l'observer au cours de ma carrière de forestier à la suite de violentes intempéries. Que ce soit en 1990 avec les tempêtes Vivian et Wiebke, en 1999 avec Lothar ou en 2007 avec Kyrill, chaque fois on voyait apparaître d'énormes espaces libérés où, dans les années qui suivaient, la végétation connaissait une croissance rapide. Chose surprenante, dans les premiers temps, les dégâts commis par les chevreuils et les cerfs sur les jeunes plants n'ont rien de dramatique. Cela tient au fait qu'à ce moment-là, toute l'offre alimentaire augmente considérablement. Pour les animaux, les plantations abattues représentent une extension de leurs zones de pâture.

LE CHEVREUIL : UN COUPABLE IDÉAL ?

Comme il s'écoule un certain temps avant qu'ils réagissent à la situation en se reproduisant de manière accrue, ils vivent alors dans un vrai pays de cocagne. Quand la nourriture est aussi abondante, les jeunes feuillus courent moins le risque d'être découverts et mangés.

La situation ne bascule qu'au bout de quelques années. De jeunes arbres grandissent en repoussant la végétation du sol. En dehors des feuillus, il s'agit surtout de conifères, ce qui n'a rien d'étonnant. Avant cela, la forêt était presque exclusivement constituée d'épicéas et de pins. Dans le sol gisaient d'énormes quantités de graines qui, après les attaques des bostryches et la mort de la précédente génération d'arbres, ont germé et forment une grande partie de la future forêt. Pour les chevreuils et les cerfs, toutefois, ces espèces ne sont pas intéressantes, à cause de leur résine et de leurs huiles essentielles. Les surfaces libérées et par voie de conséquence l'offre alimentaire ne cessent de se réduire à mesure que les jeunes forêts progressent, si bien que la population animale, désormais beaucoup plus nombreuse, est menacée de famine. On grignote la moindre plante disponible, on cherche et on croque chaque plant de feuillu.

Dans ces conditions, il semblerait tout indiqué d'abattre en nombre les chevreuils et les cerfs afin de protéger la forêt naissante, n'est-ce pas ?

Le débat public, qui va dans ce sens, occulte à mon avis un facteur important : les coupes que l'on pratique dans les forêts encore relativement intactes. Il y a déjà dix ans de cela, des étudiants se sont penchés sur le sujet dans mon district. Leurs recherches ont montré qu'une réserve de hêtres dans laquelle se trouvait une quantité particulièrement élevée de vieux arbres n'avait pas trop à souffrir de l'appétit de la faune. Certes, dans la pénombre, la progéniture des vieux hêtres et des vieux chênes pousse très lentement, ce qui la rend très vulnérable ; il peut se passer un siècle avant que leur cime se trouve à l'abri des dents d'un chevreuil. Cependant le manque de soleil rend les feuilles des petits hêtres dures et amères, autrement dit peu savoureuses. Les chevreuils et les cerfs évitent ces zones sans intérêt, ce qui permet à la plupart des jeunes hêtres de survivre.

À seulement un jet de pierre de là, sur un espace déboisé par les tempêtes, j'ai remarqué que la consommation de jeunes feuillus était nettement plus marquée. Cet endroit était devenu une sorte de restaurant dans lequel de nombreux chevreuils se baladaient jour après jour pour s'empiffrer. La cause de cet abroutissement, comme on l'appelle, c'est-à-dire de cette consommation jugée dommageable pour les arbustes, se trouve donc dans la gestion forestière elle-même. Pourtant on en fait porter la responsabilité aux animaux sauvages – deuxième cause extérieure avec le réchauffement climatique.

De fait, j'ai moi-même prôné et mis en œuvre un abattage en grand nombre de chevreuils, de cerfs et de sangliers, dans une circonstance particulière. Cela vous choque ? À présent, cela fait plusieurs années que je ne chasse plus, et ce pour des raisons qui tiennent à des recherches récentes et à mes propres observations.

À l'époque, je m'inquiétais pour les forêts, je voulais abandonner les plantations d'épicéas de mon district au profit de forêts de feuillus semi-naturelles. Mais pour cela, il fallait que les jeunes arbres puissent se développer. Or ils finissaient toujours dans l'estomac des herbivores. Au terme de laborieuses négociations, les chasses que je supervisais se fixèrent un objectif de plus de 20 chevreuils par kilomètre carré de forêt et le conservèrent durant de nombreuses années. C'était plus du double de la moyenne allemande et les petits hêtres au moins purent pour l'essentiel grandir sans dégâts. Puis vinrent les travaux de recherche que j'ai évoqués, qui mettaient en lumière la part de responsabilité que j'avais dans cette consommation désastreuse pour la forêt. N'avais-je pas, en pratiquant des éclaircies, contribué à faire grimper les populations animales ? Je me mis alors à réfléchir des mois durant à la façon de réconcilier la forêt et la faune sauvage.

Je fis le calcul suivant : si, dans les terrains de chasse de mon district, on abat plus de 20 chevreuils par an et par kilomètre carré de forêt, il faut qu'il y ait en permanence au moins 40 chevreuils, dont la moitié de femelles. C'est à cette condition qu'une vingtaine de faons au moins peuvent naître chaque printemps, et que l'abattage des 20 bêtes peut se poursuivre sur plusieurs années. Si le stock était plus réduit, la population de chevreuils s'effondrerait rapidement. Ce qui n'était manifestement pas le cas.

Quand on considère l'espace dont disposent les chevreuils et les cerfs, ma région de l'Eifel se situe dans la moyenne. La situation qui prévaut dans mon district peut donc être considérée comme représentative. Si, sur l'ensemble du territoire fédéral, on trouve une quarantaine de chevreuils par kilomètre carré de forêt, et que l'on n'abat que la moitié de sa progéniture, à savoir une dizaine de faons, que deviennent les 10 autres ? Car si c'étaient les chasseurs qui régulaient vraiment la population animale, celle-ci devrait augmenter de façon continue du fait de cet abattage réduit. La pandémie du coronavirus nous a montré ce qu'était une croissance exponentielle. S'il en allait de même pour les chevreuils, ceux-ci finiraient par se marcher sur les pieds. Or, lorsque vous vous promenez en forêt, vous aurez de la chance si vous apercevez un grand animal sauvage. Donc, je répète ma question : que deviennent les 10 faons par kilomètre carré de forêt qui ne sont pas abattus ? La réponse est simple : ils succombent à une mort naturelle, comme cela se passe depuis des millions d'années. La faim, la maladie et les prédateurs ont raison d'eux. Parmi ces derniers, ce sont souvent les sangliers, plus rarement les loups, qui déciment les faons. Au printemps, les sangliers ratissent les prairies de leur groin sensible afin de repérer et de dévorer les petits chevreuils qui se nourrissent, dissimulés dans l'herbe.

Curieusement, la collectivité juge elle aussi nécessaire de réguler par la chasse le nombre de chevreuils, de cerfs et de sangliers. Or pourquoi cette régulation aurait-elle cessé de se faire naturellement chez ces trois espèces ? Personne n'appelle à réduire les populations de merles, de vers de terre ou d'écureuils. Non, comme par hasard, il s'agit des animaux que l'on tue également depuis des siècles pour le simple plaisir de la chasse.

Par ailleurs, cela fait des décennies qu'on essaie de résoudre le problème de l'abroutissement par un abattage sans cesse accru. À titre de comparaison : alors que, dans les années 1970, on tuait dans les 600 000 chevreuils par an, aujourd'hui on en est à plus d'un million. Sur la même période, le volume d'abattage a été multiplié par dix pour le sanglier, qui provoque des dégâts dans la forêt et les champs en dévorant les faînes et les productions agricoles[1]. À ce jour, toutefois, le problème des dommages causés par la faune sauvage sur les arbustes plantés n'a toujours pas été résolu.

Il y a une autre raison pour laquelle, en dépit de l'augmentation de l'abattage, les dégâts ne diminuent pas : les animaux sont poussés précisément vers les endroits où leur présence n'est pas souhaitée. En voici un exemple type : un affût perché a été installé dans un espace dégagé de la forêt

LE CHEVREUIL : UN COUPABLE IDÉAL ?

afin que les chasseuses et les chasseurs ne soient gênés par aucun obstacle. Il faut, en effet, qu'ils puissent distinguer quels sont les animaux qui sortent du couvert des arbres. Par ailleurs, la moindre branche pourrait dévier les balles et faire manquer sa cible au tireur. Dans ces zones, il n'y a pas d'arbres – c'est logique –, juste de l'herbe et des graminées, autrement dit ce dont raffolent les chevreuils et les cerfs. Or ceux-ci n'ignorent pas qu'un chasseur est peut-être à l'affût. Les biches expérimentées vont même jusqu'à vérifier s'il y a quelqu'un d'armé dans le poste surélevé. Dans le doute, elles patientent dans l'épaisseur du sous-bois jusqu'au crépuscule, c'est-à-dire jusqu'à ce que le prédateur humain ne voie plus rien.

Cette surface dégagée est porteuse à la fois de mort et de promesses. Les herbivores ayant besoin de se nourrir presque 24 heures sur 24, dans la journée, ils essaient désespérément de trouver des solutions de fortune dans la forêt. En l'absence d'herbes et de graminées, ils mangent les pousses et les branches de petits arbres. Les cerfs vont même jusqu'à détacher l'écorce des troncs.

Plus on chasse, moins les animaux se risquent de jour dans les prairies et les zones déboisées, et plus les dégâts qu'ils causent en forêt sont importants. La situation est encore aggravée par la nourriture que les chasseurs placent pour les appâter. Malgré l'inefficacité flagrante des efforts faits en la matière depuis des décennies, la stratégie officielle ne change pas : il faut tuer encore plus ! Je rappellerai ici la définition de la folie, laquelle consiste à agir toujours de la même manière en espérant chaque fois obtenir un autre résultat.

Pour résumer, ce sont justement l'exploitation forestière et l'alimentation fournie par les chasseurs qui ont stabilisé les populations d'animaux sauvages à un niveau élevé. Le facteur de régulation du nombre de chevreuils et de cerfs, c'est la pénurie alimentaire, non la chasse.

La nature étant capable de s'autoréguler, on se demandera par conséquent si la chasse n'est pas fondamentalement inutile. Je sais qu'en entendant cela, même de nombreux forestiers soucieux d'écologie pousseront des hauts cris : leur vision du monde inclut une forêt diversifiée avec des arbres locaux, or pour eux cet objectif ne peut être atteint qu'à condition d'abattre de grandes quantités de gibier. Les grandes associations pour la protection de l'environnement sont elles aussi prisonnières de ce dilemme et prônent un abattage plus important. Or si cette stratégie, comme le montre le degré encore élevé de dommages commis par la faune, ne fonctionne pas, il faudrait enfin tenter autre chose.

J'ignore si renoncer à la chasse améliorerait vraiment la situation, mais nous devrions au moins essayer. On pourrait ainsi choisir un ou plutôt deux districts limitrophes et interdire la chasse sur leur territoire. Il me paraît nécessaire d'établir un vaste périmètre, car une zone protégée trop réduite entraîne un effet radeau de sauvetage. Les animaux sauvages fuient les chasseurs et leur concentration provoque encore plus de dégâts. Si les dimensions sont suffisantes, un équilibre naturel devrait s'instaurer – à condition que cette idée fonctionne.

Ce serait du même coup éliminer le deuxième grand facteur de l'augmentation des populations : le nourrissage. Aujourd'hui encore, on continue de charrier des tonnes de nourriture afin de maintenir les chevreuils, les cerfs et les sangliers dans leurs terrains de chasse respectifs. De nombreux chasseurs le nient, car le nourrissage est interdit depuis longtemps, ce qui n'est que partiellement vrai. En effet, en jetant un œil à certains décrets, on constate qu'il est autorisé par temps de neige hivernale. Par ailleurs, la chose porte aujourd'hui un autre nom : l'agrainage, pratique désormais officielle consistant à attirer les animaux en les nourrissant dans le but de les abattre.

Nos animaux sauvages ont développé une telle peur de l'homme qu'on doit souvent avoir recours à des ruses de ce genre pour pouvoir les tuer. Cependant le nourrissage est si abondant que l'accroissement du nombre de sangliers et consorts ne permet plus aux chasseurs de maîtriser la situation. En supprimant la chasse, on rendrait cette pratique obsolète.

Les animaux commettent des dégâts incontestables dans les cultures forestières, voire sur les arbres adultes dont les cerfs mangent l'écorce. Ils réduisent les possibilités de croissance et, surtout, amoindrissent la qualité du bois. Or c'est bien la question : les déprédations des grands herbivores affectent les intérêts économiques, non la nature. Cependant on préfère passer cette réalité sous silence afin de faire accepter plus facilement la politique de chasse. Alors que nous montons sur les barricades pour lutter contre la chasse des grands mammifères marins, l'abattage de millions d'animaux magnifiques passe presque inaperçu.

Les exploitants forestiers devraient lever le pied dans toutes les forêts encore existantes. Au cours de millions d'années, hêtres, chênes et autres espèces ont appris à se protéger des affamés. Cette faculté est à présent menacée par l'exploitation intensive du bois et la transformation des forêts en plantations qui rendent les arbres plus vulnérables aux insectes, aux tempêtes et à la sécheresse. Mais on ne veut rien savoir. Et si les cartouches ne viennent pas à bout du problème, un vieux protecteur de la forêt arrivera peut-être à la rescousse : le loup.

Le loup, protecteur du climat

C'EST SÛR, ÇA PARAÎT UN PEU TIRÉ PAR LES CHEVEUX DE VOULOIR faire du loup, déjà icône des espèces protégées, le héros de la lutte contre le réchauffement climatique. Je ne vous cache pas que je vois en lui un élément important de la nature et que je suis vraiment heureux qu'il soit revenu avec succès dans son ancienne patrie. Ces chasseurs gris n'ont pas été relâchés, ils ont migré d'eux-mêmes vers leurs anciennes régions natales après avoir reçu le statut d'espèce protégée, en 1990. L'action des politiques et de la population s'est bornée à laisser ce retour s'accomplir. Dans ma région de l'Eifel, les derniers loups ont été abattus à la fin du XIXe siècle, ce qui a signé leur disparition définitive en Allemagne. Le coup d'envoi du repeuplement est intervenu en l'an 2000, lorsqu'en Saxe un couple de loups a donné naissance à une portée pour la première fois depuis plus d'un siècle. De là, l'espèce s'est propagée vers l'ouest pendant que, depuis le sud de l'Europe, un lent repeuplement s'effectuait en direction de l'Allemagne du Sud. Et même si, dans notre région déserte de l'Eifel, on n'a guère vu de loup pour le moment, le bilan d'étape est tout à fait honnête : fin 2020, l'Allemagne comptait

128 hardes, 35 couples et 10 animaux isolés. En conséquence, il y avait 173 terrains de chasse dans lesquels, au printemps 2020, 431 louveteaux avaient vu le jour[1].

Les loups se nourrissent pour l'essentiel de viande, sous la forme de chevreuils, de cerfs, de sangliers ou d'animaux d'élevage. Leurs attaques contre ces derniers occupent toujours les gros titres et leur font, à tort, une mauvaise réputation. Des études menées par l'institut de recherche Senckenberg à Görlitz ont montré que les animaux d'élevage constituaient moins de 1 % de leurs victimes[2]. Je n'entrerai pas ici dans un débat avec les propriétaires de moutons ou d'autres bêtes – je l'ai fait dans mes livres précédents. La question est plutôt de savoir pour quelle raison les chercheurs affirment que le loup peut nous aider dans la lutte contre le réchauffement climatique.

La réponse est toute simple : les loups, justement, mangent d'autres animaux, principalement de grands herbivores. Les chevreuils et les cerfs, qui représentent plus de 75 % de leurs proies, ne se nourrissent que de plantes. Cette végétation est digérée, autrement dit leur corps redécompose une partie importante de l'herbe mâchée en CO_2 et en eau. Là où vivent de grands herbivores, il y a moins de végétation vivante ou morte, et donc moins de carbone stocké.

Mais les loups ont-ils vraiment une influence notable sur le nombre de chevreuils et de cerfs ? C'est peu probable. Pour cela, il faudrait qu'ils mangent plus qu'ils n'en sont physiquement capables, comme le montre ce calcul simple. La superficie moyenne d'un territoire de loup est comprise entre 100 et 350 kilomètres carrés, en fonction du nombre de proies potentielles qui y résident[3]. Prenons le plus petit chiffre, c'est-à-dire 100 kilomètres carrés. Dans les territoires riches en forêts, il devrait y avoir, en fonction de l'espace dont ils disposent, entre 20 et 70 grands mammifères (chevreuils, cerfs et sangliers) par kilomètre carré, ce qui ferait un total compris entre 2 000 et 7 000. Cette population donnerait chaque année naissance à 2 000-3 000 jeunes – une évaluation prudente. Même en se fondant sur ces chiffres plus que raisonnables, la décimer signifierait pour la harde tuer quotidiennement un nombre très important de grands animaux. Or les loups ne sont pas si voraces, les études scientifiques l'attestent. D'après des recherches menées dans la forêt naturelle de Białowieża, en Pologne, la part d'animaux tués s'élève à 12 % pour les cerfs, à 6 % pour les sangliers et, pour les chevreuils, à seulement 3 % des populations respectivement dénombrées au printemps[4]. À titre de comparaison: le taux de reproduction du chevreuil tourne autour de 50 %. Il n'en reste pas moins que le loup exerce une influence évidente sur le volume des populations. Mais de quelle manière?

Cette question peut être abordée par un tout autre biais: l'étude de la biomasse végétale de continents entiers dans diverses situations. C'est la tâche à laquelle s'est attelée une équipe de recherche dirigée par Selwyn Hoeks, à l'université Radboud de Nimègue (aux Pays-Bas). Les chercheurs ont effectué une simulation par ordinateur des changements qui affectent les paysages lorsque de grands carnassiers pesant plus de 21 kilos disparaissent. Résultat: un accroissement des populations d'herbivores et une diminution sensible de la biomasse végétale. En termes plus techniques et rapporté aux gaz à effet de serre, cela signifie qu'en l'absence de grands carnassiers la capacité de l'écosystème à emmagasiner ces gaz baisse de manière significative.

En Allemagne, le loup est certes un exemple éminent, mais il est loin d'être le seul dans le club des gros prédateurs: le lynx et l'ours brun l'y rejoindraient volontiers s'ils le pouvaient. Il existe au moins quelques territoires tels que la forêt de Bavière et le Harz où rôdent les grands chats aux oreilles ornées d'une touffe de poils en pinceau. Mais ce sont là des exceptions insignifiantes, si bien que les lynx n'exercent pas d'influence notable sur la population de la faune sauvage. Sans même parler de l'ours brun, qui a disparu. Du reste, même les loups sont loin d'occuper tous les territoires répondant à leurs besoins. En attendant le jour où les grands prédateurs joueront peut-être un rôle important, il faut se contenter des simulations. Or les résultats des chercheurs valent le détour !

Ces études prouvent que l'élimination des grands carnassiers entraîne d'importants changements dans les écosystèmes concernés. Parmi ces changements, on relèvera l'apparition accrue de maladies, qui fait baisser le nombre de chevreuils, de cerfs et d'autres grands mammifères. Plus les contacts sont fréquents, plus les agents pathogènes se propagent, ainsi que notre propre espèce en a fait la douloureuse expérience avec le coronavirus. Cependant la masse végétale diminue elle aussi, et ce n'est pas tout. La stabilité des écosystèmes, déjà fortement éprouvée en période de réchauffement climatique, se retrouve complètement bouleversée.

Ainsi, le nombre des carnassiers de taille inférieure, tels que le coyote ou le renard, s'accroît, ce qui n'a rien d'étonnant puisque, en temps normal, ils sont eux aussi la proie des loups et consorts. Si le loup disparaît, les grands omnivores comme l'ours en souffrent également : leur population diminue en parallèle. Pour les auteurs de l'étude, cela tient peut-être au fait que la horde croissante des petits carnivores leur dispute une partie de leurs proies (les charognes, par exemple). Dans le même temps, l'accroissement massif des grands herbivores détruit les bases de l'alimentation végétale des ours. Ces effets sont cependant moins marqués dans les contrées où les différences saisonnières sont très prononcées, comme en Europe centrale. La raison : l'hiver y est un facteur restrictif pour la végétation, qui n'a quasiment plus rien à offrir, de sorte que les populations d'herbivores ne peuvent augmenter au-delà d'un certain degré[5].

Et voilà que la gestion forestière refait son apparition : les ronciers et autre pitance hivernale apparus à la suite des vastes opérations d'éclaircies font grimper le nombre des animaux sauvages au-delà de leurs limites naturelles. Dans ces conditions, même le retour du loup ne rétablirait plus l'équilibre. À l'inverse, on notera aussi que la réduction des coupes, l'extension des surfaces forestières et la suspension du nourrissage hivernal par les chasseurs ne pourraient produire tous leurs effets que si les grands prédateurs étaient de la partie. Si, un jour, cela arrivait (et rien ne s'y oppose), la chasse deviendrait non seulement inutile mais aussi impossible d'un point de vue pratique. Les densités de la faune naturelle ne représentent qu'un dixième de la population qui occupe aujourd'hui les terres aménagées. Les chasseurs n'auraient quasiment plus rien à se mettre sous la dent puisqu'il deviendrait encore plus difficile pour eux d'apercevoir un chevreuil, *a fortiori* de le tuer.

Nous pouvons tourner et retourner le problème dans le sens qu'on voudra, le résultat reste le même : il faut réduire la pression que nous exerçons sur la nature, laisser la forêt agir d'elle-même et lever le pied tant sur la gestion forestière que sur la chasse.

Malheureusement, la solution actuelle des politiques au dérèglement climatique consiste à claironner : en avant toute sur l'exploitation du bois !

Le bois est-il vraiment écolo ?

LE BOIS A LONGTEMPS PASSÉ POUR UNE MATIÈRE PREMIÈRE écologique. Certes, lorsqu'on coupe un arbre et qu'on le brûle dans un incinérateur, cela libère du CO_2. Mais dans le cadre d'une exploitation forestière durable, un nouvel arbre pousse à la place de l'ancien. Il grandit et absorbe au fur et à mesure les gaz à effet de serre libérés par la combustion de son prédécesseur – un cycle classique. Ainsi, l'impact climatique du bois en tant que combustible est presque nul, comme ne cessent de le proclamer en chœur les acteurs de l'industrie du bois et les instances officielles de l'administration forestière[1]. À quoi s'ajoute cet autre argument invoqué par l'État : de toute façon, les arbres finissent tous par mourir un jour ou l'autre et pourrissent alors sur place sans que quiconque en retire un bénéfice. « Pourrir » signifie en l'occurrence que le cadavre de l'arbre est dévoré par des micro-organismes qui, ce faisant, rejettent le dioxyde de carbone emmagasiné par le géant tout au long de sa vie. Par conséquent, que l'on brûle le bois ou qu'on l'abandonne à ces petits gloutons ne ferait aucune différence pour le climat. Aussi, lorsque les arbres sont devenus suffisamment gros pour pouvoir être exploités, peut-on les couper et replanter en conséquence. Le cycle de la naissance et de la mort est préservé, et l'homme y gagne une matière première sans impact climatique. On se contente de prélever ce qui est de toute façon superflu.

Malheureusement, ce calcul est complètement faux. Il paraît évidemment logique qu'un arbre ne puisse pas libérer en brûlant plus de CO_2 qu'il n'en a absorbé durant sa phase de croissance. Cependant, si on ne l'avait pas abattu, ce CO_2 serait resté stocké en lui sous forme de carbone. Mieux encore : l'arbre aurait continué à grandir, à emmagasiner du carbone, et ce à un rythme accru. Ce sont justement les arbres d'un certain âge qui absorbent une quantité particulièrement importante de gaz à effet de serre. Il suffit d'un simple coup d'œil sur les cernes pour s'en rendre compte. Chaque année, en effet, un nouvel anneau de croissance apparaît entre l'écorce et le tronc. Avec l'âge, la largeur des cernes ne diminue que faiblement. Le diamètre du tronc, en revanche, augmente de façon continue. Et comme l'élargissement du diamètre entraîne une croissance exponentielle du volume, le stockage de carbone s'accroît en conséquence. Cette croissance continue de l'arbre ne ralentit que bien après l'âge habituel de la récolte (entre 80 et 150 ans). Hans Pretzsch, de l'université technique de Munich, a découvert que les chênes et les hêtres ne commençaient lentement à décélérer que bien après 450 ans d'âge[2].

De plus, sur toute sa hauteur (qui peut atteindre 50 mètres), un grand arbre stocke incomparablement plus de carbone sous forme de bois qu'un ensemble de petits arbres minces qui se trouveraient sur la même surface. Or les grands arbres se sont faits très rares dans les forêts, que ce soit au Canada ou en Europe. En raison des coupes et des reboisements, l'âge moyen des arbres en Allemagne ne dépasse plus guère 77 ans[3]. Pourtant, nos espèces locales peuvent tout à fait atteindre 500 ans et plus. En clair : pour que s'instaure le cycle naturel de vie, il faudra encore compter environ quatre siècles, durant lesquels la forêt continuera d'emmagasiner des gaz à effet de serre. Chaque tronc abattu prématurément entraîne une interruption de ce processus, et ce n'est pas tout : les forêts abîmées par la récolte de bois ne peuvent plus rafraîchir l'air avec la même efficacité et provoquent également moins de précipitations, ainsi que nous l'ont montré les recherches de Pierre Ibisch. En outre, les arbres des forêts exploitées n'atteignent plus le grand âge. En effet, ils ne peuvent se développer lentement qu'à l'ombre de leur mère-arbre (et nous savons que la jeunesse d'un arbre peut durer des siècles) ; alors seulement sont-ils susceptibles d'atteindre une durée de vie de 400 à 600 ans. Or, une fois les mères-arbres abattues, les jeunes arbres sont directement exposés à la lumière du soleil et poussent trop rapidement, dépensant frénétiquement leur énergie vitale. Voilà pourquoi, dans les forêts exploitées, les individus ne dépassent pas 200 à 250 ans, même s'ils n'ont pas succombé aux récoltes.

Des scientifiques italiens ont fait des recherches dans le parc national du Pollino afin de déterminer l'âge le plus élevé que pouvaient atteindre les hêtres. Situé dans le sud de l'Italie (juste avant la pointe de la botte), ce parc de 2 000 kilomètres carrés est l'une des plus grandes zones protégées d'Europe. On y voit, entre autres, des forêts primaires de hêtres, et c'est là que se trouvent les plus vieux spécimens de cette espèce. En dénombrant les cernes, ils sont tombés sur Michele, 622 ans. Cependant, comme l'intérieur de son tronc avait pourri, il manquait une partie des cercles les plus anciens. En les incluant dans ses calculs, l'équipe est arrivée à un résultat probable de 725 ans[4]. Même moi j'en reste bouche bée : les plus vieux hêtres que j'aie vus jusqu'à présent ne dépassent pas 300 ans.

Les conditions de vie dans le parc du Pollino sont particulièrement austères. La croissance de ces arbres s'apparente à une lente ascèse – ce qui pourrait expliquer leur grand âge. Cela dit, des indications similaires nous viennent d'autres régions de forêts primaires dotées de meilleures conditions de croissance. Je sais par des écologistes roumains que, dans une vallée transversale inaccessible des Carpates roumaines, il existe des hêtres qui ont 550 ans et sont encore en pleine forme. Par conséquent, nos hêtres d'Europe centrale devraient pouvoir dépasser les 300 ans si on leur permet de vivre sans être dérangés. Il m'est douloureux de penser que, dans des pays comme l'Allemagne, qui constituait autrefois un centre de propagation des hêtraies primaires, les forêts n'abritent plus de très vieux individus.

Mais revenons-en au stockage du carbone. S'il est clairement établi que les arbres très anciens conservent le carbone durant des siècles, voire qu'ils accélèrent le rythme jusqu'à l'âge de 450 ans, il ne peut y avoir qu'une seule devise : les laisser vieillir. Pas question d'affaiblir le processus par l'exploitation forestière. Quant à savoir où se procurer du bois, c'est ce que nous verrons au chapitre suivant.

Les producteurs avancent un autre argument censé prouver la contribution du bois à la protection du climat : la longévité de nombreux objets fabriqués avec ce matériau. Quand on stocke le CO_2 sous la forme de maisons ou de meubles, on peut dans le même temps faire pousser dans la forêt de nouveaux arbres qui emmagasineront à leur tour du dioxyde de carbone. Au total, on stockera donc davantage de gaz à effet de serre que ne le ferait une forêt naturelle non exploitée, où les arbres morts libéreraient leur CO_2 en

LE BOIS EST-IL VRAIMENT ÉCOLO ?

pourrissant – vous connaissez l'argument. Et comme tout arbre connaîtra ce sort un jour ou l'autre, la forêt sauvage reste prisonnière de ce cycle quasi inutile pour la situation climatique. Dans ces conditions, il devient plus que nécessaire d'exploiter si possible toutes les forêts.

Le bois est vraiment un matériau formidable, et j'aime les produits qu'on en tire. Mon bureau, par exemple, a été fabriqué avec le bois d'un vieil orme où l'on voit encore, çà et là, les trous pratiqués par les insectes qui l'ont achevé. Le menuisier en a brossé le plateau de manière que je puisse sentir les anneaux de croissance. C'est ce que je fais de temps à autre, lorsque je travaille sur un nouveau texte et que je m'abandonne à mes idées. Ce contact plaisant crée une sorte de proximité avec la nature – alors qu'au fond ce que je touche, ce sont des ossements. Je ne m'en sers pas pour aider le climat mais pour me sentir bien. Disons-le clairement : aucune forme d'extraction de matières premières n'est bénéfique pour la nature. Il n'y a au mieux que des types d'exploitation plus ou moins néfastes. Imaginez un peu que votre boulangère vous vende des petits pains du dimanche en vous expliquant que manger ce produit, c'est protéger le climat. Cela vous paraîtrait étrange, non ? Or c'est ainsi que se comportent les administrations forestières lorsqu'elles font l'éloge de leur marchandise. Tout cela est faux et inutile. Si nous avons de réels besoins en bois, il est légitime d'exploiter les arbres, à condition toutefois de ne pas porter un trop grand préjudice à l'écosystème. Or cela fait longtemps que nous avons franchi cette limite.

Mais revenons-en à l'argument selon lequel des produits en bois doués d'une grande longévité pourraient stocker le CO_2 mieux que la forêt. Même si l'on transformait tout le bois existant en objets de ce type, le dioxyde de carbone finirait tout de même par être rejeté dans l'air, au plus tard au bout de quelques décennies. Le Pr Arno Frühwald, de l'université de Hambourg, a établi quelle était vraiment la durée de vie de ces produits. Les meubles bon marché tiennent 10 ans, les livres 25, et le bois de construction (par exemple pour les charpentes) 75. La moyenne de l'ensemble s'élève à 33 ans, ce qui, pour un stockage prétendument de longue durée, ne fait pas beaucoup[5]. Dans une forêt intacte, les gaz à effet de serre seraient emprisonnés dans les arbres pendant des siècles. Par ailleurs, une fois transformé, le bois n'exerce plus d'effet rafraîchissant et ne favorise plus les précipitations.

Mais il y a mieux encore (ou plutôt pis) : la plus grande partie du bois n'est pas destinée à être transformée, mais à être brûlée comme combustible dans des incinérateurs ou des centrales électriques. Avec plus de 60 millions de mètres cubes, la quantité de bois brûlé correspond à la totalité des coupes annuelles en Allemagne[6]. Et l'on a besoin de 60 millions supplémentaires pour d'autres utilisations, comme la construction de bâtiments ou la fabrication de papier. En conséquence, si l'on excepte le vieux bois et le recyclage, il n'y a pas d'autre solution que l'importation. Et l'on va même plus loin : l'Allemagne s'apprête déjà à suivre l'exemple d'autres pays européens en convertissant au chauffage au bois ses centrales thermiques au charbon. L'exploitant de la centrale de Wilhelmshaven, par exemple, réfléchit à la possibilité d'utiliser des pellets, c'est-à-dire des bâtonnets d'aggloméré. Rien que pour cette centrale, la consommation totale se monterait à 3 millions de tonnes[7] – ce qui correspond à 6 millions d'arbres par an.

Pourtant, dès 2018, environ 800 scientifiques avaient recommandé au Parlement européen de ne pas subventionner

LE BOIS EST-IL VRAIMENT ÉCOLO?

la combustion de bois dans les centrales en expliquant que cette directive, nuisible au climat, serait un mauvais exemple pour le reste du monde[8]. Même l'institut Thünen, organisme fédéral relevant du ministère de l'Agriculture jusque-là d'obédience conservatrice (Julia Klöckner vous passe le bonjour), est parvenu à des conclusions analogues : protéger les forêts et cesser les coupes, voilà ce qu'on peut faire de mieux pour le climat[9]. Mais peu importe, les ministères continuent à encourager le boom de la combustion de bois par l'intermédiaire de leurs administrations forestières.

En utilisant le bois comme elle le fait, l'exploitation forestière réduit aussi de manière indirecte le stockage de carbone dans la forêt. À l'heure actuelle, cela se vérifie facilement : partout où vous voyez des coupes, ce sont jusqu'à 50 000 tonnes de CO_2 par hectare – en fonction des essences – qui s'échappent du sol dans l'atmosphère. Le volume actuel d'abattage est interdit par la loi, pourtant on continue frénétiquement à couper des arbres en raison des invasions de bostryches, des tempêtes et de la présence de millions d'individus mourants. Nous payons aujourd'hui les efforts passés pour produire aussi vite et autant de bois que possible, au moyen de parcelles précaires plantées de pins et d'épicéas à croissance rapide. Ce genre de forêt ne permet guère d'emmagasiner du carbone sur le long terme, et le moment où l'on vide le réservoir est de plus en plus souvent déterminé par les catastrophes naturelles et non par les forestiers. Stockage durable de carbone dans la forêt et exploitation intensive du bois s'excluent donc mutuellement. Et ce n'est encore qu'une moitié de la vérité.

Pour comprendre les cycles du carbone dans la forêt, il faut examiner le sol. Là se déroulent des processus dont nous n'avons encore qu'une connaissance approximative et qui, pourtant, ont leur dynamique propre par rapport au réchauffement climatique. De manière générale, les sols sont les plus grands réservoirs de carbone sur terre. Ils en stockent plus que la végétation et l'atmosphère réunies[10].

Le sol de la forêt est une sorte d'immense réfrigérateur. L'été, la chaleur n'est pas très élevée à l'ombre des grands arbres, si bien que la vie du sol se déroule plutôt mollement. Au point qu'il peut se créer une accumulation progressive de carbone sous la forme d'épaisses couches d'humus. Quand cette couche protectrice garantie par les arbres disparaît, le sol se met à chauffer. Les bactéries et les champignons prospèrent et, de concert avec de nombreuses autres créatures vivant dans le sol, ils détruisent l'or brun. En l'espace de quelques années, une grande partie de la précieuse couche disparaît, ce qui veut dire que le carbone est rejeté dans l'atmosphère sous la forme de CO_2. Ces effets, qui sont dus à la gestion forestière, se retrouvent dans les statistiques. Dans les forêts éclaircies d'Allemagne, les sols ne montrent plus en moyenne qu'entre 2 et 8 % d'humus. La première prairie venue réalise un meilleur score : les herbages, d'ordinaire moins producteurs d'humus que la forêt, se situent en moyenne dans une fourchette comprise entre 4 et 15 %[11].

En ce qui concerne le carbone stocké dans le sol, les grands arbres jouent visiblement un rôle important, ainsi que l'a découvert une équipe de recherche dirigée par l'Australien Christopher Dean. Ils protègent littéralement le carbone, et ce de manière si efficace qu'une partie en est presque passée inaperçue jusqu'à présent. Lorsqu'on explore le sol à la recherche de carbone, on le fait habituellement entre les arbres – ce qui est logique. Comme il est difficile de prélever des échantillons sous les troncs, on opère plutôt dans les espaces qui les séparent. Cependant, en effectuant des recherches sous de vieux spécimens faisant plus d'un mètre d'épaisseur dans une forêt primaire d'eucalyptus, l'équipe a trouvé environ quatre fois plus de carbone que dans les zones intermédiaires. On peut donc en déduire que la transformation de forêts primaires en plantations d'arbres plus minces a dû entraîner dans le sol des pertes en carbone bien plus élevées que nous ne l'avions pensé[12].

Ces résultats sont-ils transposables dans d'autres régions, par exemple dans nos hêtraies locales ? Je le pense, oui, car il n'y a rien de surprenant à ce qu'une quantité de carbone particulièrement importante soit emmagasinée dans le sol sous les vieux arbres. Ces endroits ont connu des siècles d'obscurité totale, il n'y a là ni érosion ni animaux fouillant le sol. Qui plus est, les grands arbres se décomposent de l'intérieur parce que leur bois n'est plus utilisé. Champignons et bactéries pénètrent par des blessures ou des branches mortes et s'attaquent aux parties internes du tronc. La plupart du temps, l'arbre n'en retire aucun préjudice, au contraire. Même creux comme un tuyau de poêle, le tronc peut encore porter la couronne. Les substances nutritives qui avaient été conservées à l'intérieur du bois sont libérées par cet autocompostage. Cet humus contient de grandes quantités de carbone. Protégé de la chaleur et de l'érosion, il est enfermé dans l'arbre comme dans un énorme coffre-fort. Pour que le sol retrouve sa santé d'antan, pour qu'un nouvel entrepôt de carbone se reconstitue en compensation de nos péchés climatiques, nous avons avant tout besoin d'une chose : de forêts ancestrales. Mais cela, vous le savez déjà...

Pour que le bilan carbone de l'exploitation du bois soit exact, il faut y inclure, outre le CO_2, ses effets sur les cycles de l'eau et donc le refroidissement. En fin de compte, ce qui nous intéresse dans le cadre du réchauffement climatique, ce n'est pas tant la quantité totale de dioxyde de carbone dans l'atmosphère que la hausse des températures et la modification du volume de précipitations qui en résultent. L'influence de la forêt en la matière est considérable et si nous l'expédions à la scierie, cela aura des répercussions immédiates. Sur le plan local, l'augmentation des températures dans les zones déboisées dépasse largement ce que les pires scénarios prédisent pour les prochaines décennies à l'échelle mondiale. Ce sont les endroits où causes et effets sont le plus visibles, et aussi où l'on peut agir le plus efficacement.

Cette diminution de l'effet rafraîchissant persiste même avec l'apparition de nouveaux arbres. Les abatteuses de je ne sais combien de tonnes compriment le sol. Les traces de ces monstres traversent les forêts à intervalles de 20 mètres. Leurs pneus écrasent les pores du sol et une grande partie des créatures qui y vivent sur une largeur de 3 à 4 mètres. Il y a même des endroits où le sol est entièrement labouré. Au total, plus de 50 % de la surface des forêts allemandes seraient concernés. Or, même au bout de plusieurs millénaires, les sols abîmés ne se régénèrent pas. Dans les forêts de l'Eifel, par exemple, on voit aujourd'hui encore des voies de circulation datant de l'époque romaine. Le sol y est resté dur comme du béton. En conséquence, la capacité d'emmagasiner l'eau se réduit de façon drastique, les précipitations hivernales s'écoulent dans les vallées avec les cours d'eau et provoquent des crues au lieu de s'infiltrer sous les arbres et de leur constituer des réserves pour l'été. Finalement, l'effet de rafraîchissement exercé par les forêts baisse durablement, puisqu'en pénurie d'eau les hêtres et les chênes cessent de transpirer.

Le réchauffement de vastes zones durant l'été peut donc être attribué, en partie du moins, à la destruction des réservoirs d'eau dans les sols forestiers par les lourdes machines d'abattage. Un effet indirect sur le climat que l'on mettra également sur le compte de l'exploitation du bois. Au total, le bois est l'une des matières premières les plus sales, en dépit de la beauté des produits qu'on en tire.

Le point de vue de l'exploitation forestière est évidemment très différent, elle voudrait s'attribuer les effets positifs que les forêts parviennent encore à produire sur l'environnement en dépit des destructions. Elle réclame ainsi 5 % des recettes générées par la taxe carbone en 2021 afin de dédommager la contribution des propriétaires de forêts. Après tout, ce sont leurs forêts qui ont absorbé les gaz à effet de serre et apporté une aide notable à la protection du climat[13].

Il va de soi que les jeunes arbres stockent eux aussi du CO_2 et que les plantations purifient également l'eau – mais dans une bien moindre mesure que les forêts originelles. Résumons : on commence par réduire la capacité de l'écosystème à absorber du dioxyde de carbone pour ensuite se prévaloir malgré tout de sa contribution au climat et réclamer de l'argent. En réalité, ce sont les propriétaires de forêts qui devraient mettre la main à la poche puisqu'ils empêchent la forêt de nous aider dans notre lutte contre le dérèglement climatique. L'instrument le plus prometteur à cet égard est la taxe carbone, mais utilisée d'une tout autre façon que ne le font les lobbyistes de la gestion forestière.

À la caisse, s'il vous plaît

LA MÉTHODE DOUCE A SOUVENT DES AIRS D'UTOPIE – ON LA trouve sympa, mais on ne la prend pas au sérieux. C'est l'impression que j'ai lorsqu'on évoque l'utilisation des chevaux. À l'inverse des lourdes abatteuses, le recours à des chevaux de trait pour transporter le bois hors de la forêt n'endommage quasiment pas le sol. Sans compter qu'ils ne sont pas tellement plus chers, surtout lorsqu'on inclut le coût des dégâts commis par les monstres d'acier. Malheureusement, travailler avec des animaux passe aujourd'hui pour du romantisme irréaliste, alors que les machines pilotées par une manette et un ordinateur sont l'équivalent forestier du Smartphone : elles sont avant-gardistes et rationnelles.

La même tendance s'observe concernant le stockage du dioxyde de carbone : on s'éloigne de la nature pour aller vers la technique. Cette tendance a pour nom CCS (on aime les sigles), *Carbon Capture and Storage*. Il s'agit de capter les gaz à effet de serre et de les emmagasiner afin de décharger l'atmosphère. Elon Musk a annoncé en janvier 2021 qu'il offrirait 100 millions de dollars à qui inventerait la meilleure technologie en la matière[1]. Si cela avait été possible, les arbres auraient levé timidement la main – plus exactement la branche – pour dire : « On l'a déjà inventée – il y a 300 millions d'années. Ça compte quand même ? »

Pour comparer l'efficacité des arbres et celle de la technique moderne, commençons par examiner la technique en question. Pour l'instant, elle n'a pas vraiment dépassé le stade expérimental et paraît un peu délirante : on rejette du dioxyde de carbone afin de libérer de l'énergie. Après quoi, avec cette énergie, on capte de nouveau le CO_2 afin de s'en débarrasser. Au bout du compte, la dépense d'énergie augmente jusqu'à 40 %. Et l'on voit déjà surgir le problème suivant : que faire de ce dioxyde de carbone ?

La plupart des projets proposent un stockage souterrain, par exemple dans des couches rocheuses situées à une grande profondeur. Mais, d'après les études scientifiques, seuls 65 à 80 % y demeureraient, et le reste remonterait à la surface. Ce faisant, le gaz risque d'entraîner avec lui de l'eau salée des nappes phréatiques et donc d'endommager les sols[2]. Nous savons que la nappe phréatique et les couches rocheuses situées en profondeur constituent des écosystèmes propres très sensibles. Si l'on y injecte du dioxyde de carbone, cela aura des conséquences incalculables sur ces biotopes. Sans oublier le coût énorme de cette technologie : les projets comme celui de la Norvège, où, dans deux ans, le gaz devra être acheminé par pipeline à 4 kilomètres au-dessous du niveau de la mer, se chiffrent à 100 euros la tonne.

Les arbres, en revanche, s'en chargent sans risque pour l'environnement. À quoi s'ajoutent, gratis, les autres prestations de la forêt. En moyenne, les hêtres, les chênes et d'autres essences emmagasinent l'équivalent de 10 tonnes de dioxyde de carbone par an et par hectare. Si l'on applique les coûts du projet norvégien, l'hectare générerait un revenu de 1 000 euros par an. À titre de comparaison : à l'heure actuelle, la gestion forestière classique se trouve dans le rouge. Même lorsque les conditions sont idéales, le résultat ne devrait pas dépasser 50 euros l'hectare. D'un côté, une technique compliquée, risquée ; de l'autre, des arbres qui se proposent spontanément de nous aider sur le plan écologique – le dioxyde de carbone ne constitue-t-il pas leur alimentation de base ?

Mais cela paraît peut-être trop simple ou trop utopique. Pourtant, si nous continuons ainsi à encourager le dérèglement climatique, les robustes forêts locales de feuillus finiront elles aussi par mourir en libérant les gaz à effet de serre qu'elles ont absorbés. Si cela arrivait, si nous ne parvenions vraiment plus à prendre le virage, ce problème s'ajouterait aux nombreuses urgences auxquelles nous serions confrontés – dites bonjour à la fonte du permafrost et des calottes glaciaires.

Non, nous n'en arriverons pas là, et si nous optons enfin pour la bonne solution, nos alliés les arbres ont encore un avantage supplémentaire : ils peuvent démarrer sans attendre, à condition que nous les laissions faire. Dans le chapitre « Qu'y a-t-il dans votre assiette ? », je vous montrerai comment l'on peut même créer de vastes surfaces pour accueillir de nouvelles forêts.

À quoi pourrait ressembler la mise en pratique ? La taxe carbone perçue depuis 2021 sur les énergies fossiles est à cet égard un outil merveilleusement simple, équitable et aisé à mettre en œuvre. Voici ce que je proposerais : au regard de sa valeur énergétique, le bois devrait être mis sur le même pied que son cousin plus sale, le charbon. La combustion du bois n'est-elle pas plus néfaste pour le climat que celle du charbon – sans même insister de nouveau sur l'importance des forêts naturelles pour le rafraîchissement et les précipitations locales ? Établir une distinction entre le bois de chauffage et le bois utilisé pour le mobilier ou le bâtiment est inutile. Comme nous le savons, ce dernier atterrit un jour ou l'autre dans un incinérateur.

Du coup, le calcul est simple : un mètre cube de bois correspond environ à une tonne de dioxyde de carbone et devrait donc être taxé à l'égal d'une tonne de CO_2 provenant du charbon ou du pétrole. Cela augmenterait le coût de cette matière première et empêcherait qu'elle soit utilisée dans les centrales comme une alternative écologique financièrement avantageuse.

Le bois n'a de valeur pour l'atmosphère que s'il reste dans l'écosystème sous la forme d'arbres vivants. Et c'est là qu'intervient la seconde partie de ma proposition : les propriétaires de forêts qui laissent les arbres vivre leur vie et renoncent à les récolter devraient recevoir la somme équivalente en contrepartie de leur contribution écologique.

À supposer que les hommes politiques acceptent ce modèle de taxation, qu'est-ce que cela changerait pour l'industrie du bois et la forêt ?

Le prix des produits en bois ne connaîtrait pas une grosse augmentation, dans la mesure où l'essentiel des coûts réside dans le traitement de la matière première. Ce serait également une incitation supplémentaire à augmenter la part du recyclage du bois – le bois usagé, déjà taxé, est moins cher. En revanche, le prix de la combustion grimperait très nettement. Avec 55 euros la tonne de CO_2, le bois de chauffage, en fonction de son degré de traitement, coûterait en moyenne 50 % de plus qu'aujourd'hui et perdrait définitivement son avantage sur les autres sources de chaleur. Quand on se contente d'allumer occasionnellement son poêle-cheminée pour savourer plus pleinement un bon verre de vin, on peut sûrement s'acquitter d'un euro de plus à titre de taxe environnementale. Dans ces conditions, changer son installation de chauffage pour passer au bois ne présenterait plus d'intérêt.

Dans la forêt aux portes de la ville, en revanche, l'effet serait exactement inverse. La taxation se traduirait immédiatement par un supplément de biomasse. Des plantations de conifères en train de mourir doivent être déblayées ? Le marché du bois s'engorge et les scieries exaspérées, débordées par ce surplus, refusent de prendre encore plus de bois ? Les propriétaires de forêts, eux, peuvent se caler confortablement dans leurs fauteuils. Pour chaque mètre cube qui reste dans la forêt, ils reçoivent 55 euros. À long terme, la taxation s'orientera plutôt vers 100 euros la tonne, ainsi qu'on le voit en Suède et que le réclament déjà des pans entiers de l'industrie allemande[3].

En ce qui concerne le bois, la taxe ou l'indemnisation des propriétaires de forêts pourrait même être un peu plus élevée. Car, dans les gisements, les matières premières fossiles ne contribuent en aucune façon au rafraîchissement ou au cycle des précipitations, elles sont simplement enfermées dans les couches rocheuses comme dans un coffre-fort et y demeurent inactives. Dans le débat sur les conséquences du réchauffement climatique, la forêt est considérée pour l'essentiel comme un réservoir de dioxyde de carbone, mais les scientifiques sont de plus en plus nombreux à dire qu'il faudrait réévaluer à la hausse l'importance de sa contribution au cycle de l'eau[4].

Lorsqu'on se sert de la forêt comme d'une source de matière première, on ne tient absolument pas compte, pour d'innombrables espèces, de la perte de biotope. Et je trouve très dommage que ce type de réflexions ne tienne quasiment aucune place dans les décisions politiques.

Considérons la taxe carbone comme un outil permettant d'induire des changements le plus rapidement possible. Est-elle vraiment si simple à mettre en œuvre ? La distribution d'une prime carbone ne représenterait-elle pas une lourde dépense administrative ? Pas nécessairement, dès lors qu'on n'entre pas trop dans le détail. Et si l'on octroyait tout simplement la moyenne fédérale par an et par hectare à tous les propriétaires de forêts, qu'ils possèdent une forêt de feuillus ou une plantation d'épicéas ? Certes, ce serait un peu injuste pour ceux qui ont une très belle forêt. Mais les règles doivent être simples et compréhensibles, sous peine d'engendrer trop de failles juridiques. À l'inverse, tout propriétaire qui abat des arbres et vide le réservoir de dioxyde de carbone devrait payer. Et les photos satellites permettraient de contrôler qu'il n'y a pas de triche.

Je suis convaincu qu'une taxe carbone pourrait inciter à accroître la protection de la forêt. Cela étant, elle resterait à des années-lumière de la vraie valeur que représentent les arbres pour nous autres humains. La société de conseil Boston Consulting Group (un des plus grands cabinets de consultants du monde) a fait le calcul. Ce qui entre en ligne de compte, c'est moins le bois que la contribution de la forêt à la protection du climat. Si, à l'échelle mondiale, on remplaçait son action par des mesures techniques, cela coûterait à l'économie 150 billions de dollars. À titre de comparaison : en totalité, les sociétés par actions ne valent que 87 billions de dollars[5].

Tout cela plaide en faveur d'une forte réduction de la gestion forestière et d'une baisse de la consommation de bois. Cependant l'industrie du bois n'a pas abandonné la lutte et un argument particulier est arrivé sur la table juste au moment où l'urgence se faisait sentir, en pleine pandémie : le papier toilette.

L'argument du papier toilette

« Mais alors, d'où viendra le bois ? » Cette question, je ne peux plus l'entendre. Elle surgit chaque fois qu'on parle d'accroître la protection de la forêt. Le refrain est le suivant : si nous ménageons davantage nos forêts et que nous abattons moins d'arbres, si nous augmentons les surfaces protégées, l'offre de bois continuera à se réduire. D'où une conséquence inévitable : hausse des importations et arrivage de bois de provenance douteuse. Si l'on continue dans cette logique, il serait donc nettement préférable d'avoir recours le plus possible aux forêts allemandes, où l'exploitation est exemplaire, et de ne pas étendre la superficie de zones protégées. Or, comme vous l'avez vu, même le bois de nos forêts locales est récolté dans des conditions écologiquement discutables.

La pression économique qui pousse les exploitants à intensifier l'abattage est liée à l'appétence sans frein des consommateurs pour le bois, aussi et surtout en Allemagne. Cela résulte d'une volonté politique ; la tendance est encouragée depuis de nombreuses années notamment par les administrations forestières (qui vendent elles-mêmes du bois) et le ministère fédéral de l'Agriculture. En 2012, ce dernier a fièrement annoncé dans un communiqué de presse que, depuis 1997, la consommation de bois par tête avait grimpé de 20 % pour atteindre 1,3 mètre cube[1]. Ce qui fait 108 millions de mètres cubes. Cependant les chiffres varient en fonction de la source, et la consommation réelle est bien supérieure – entre-temps, elle a atteint entre 120 et 150 millions de mètres cubes. Il est difficile d'être très précis, car ces estimations ne prennent pas systématiquement en compte l'abattage de bois réalisé dans des millions de petites parcelles privées. Qui plus est, dans l'économie, les flux de matières sont complexes, on importe et on exporte, le bois usagé est brûlé et le papier, recyclé. Une chose est claire, toutefois : nous consommons à peu près deux fois plus de bois qu'il n'en repoussait dans nos forêts locales avant les sécheresses estivales. Il faudrait savoir quel est le volume de la relève à l'heure actuelle – il ne pourra être que sensiblement inférieur. Du coup, la situation est claire : continuer à couper du bois comme on l'a fait jusqu'à présent provoquera à court terme l'effondrement total de nombreuses zones forestières.

Tenues par la loi de protéger la forêt et confrontées à une pénurie de matières premières dont elles sont elles-mêmes responsables, les administrations forestières de l'État invoquent des arguments discutables afin d'empêcher l'instauration de zones protégées. J'ai ainsi entendu très souvent affirmer que si nous épargnons nos antiques hêtraies nous serons obligés d'importer le bois de l'étranger, par exemple des forêts vierges tropicales. Établir des zones protégées en Allemagne interdirait donc de le faire ailleurs ? Non, en réalité, c'est tout l'inverse : en entendant nos irréprochables exploitants allemands affirmer que la gestion des forêts peut être un outil de protection particulièrement efficace et qu'on ne trouve plus guère de surfaces forestières intactes, d'autres pays suivent leur exemple, comme la Roumanie. Pourquoi aurait-on besoin de zones protégées si la forêt se porte mieux hors de ces havres de paix ? À l'heure actuelle, toutefois, cet argument ne vaut plus, car même les profanes ont compris que les coupes ne faisaient aucun bien à la forêt. Aussi sort-on de sa manche un atout de poids : le papier toilette.

Depuis l'épidémie de coronavirus, le papier toilette peut être considéré comme le talon d'Achille de la civilisation moderne – c'est du moins ce qu'on a pu penser au regard des stocks constitués par les consommateurs et des difficultés d'approvisionnement observées au printemps 2020. Le papier toilette est fabriqué à partir de fibres de bois, lesquelles proviennent pour l'essentiel de plantations d'épicéas, de pins ou d'eucalyptus. Le bois de hêtre et de bouleau se prête également à cet usage. Point important : il faut abattre ces arbres et les transformer. Papier toilette et protection de la forêt sont donc antagonistes – tel est le message. Et lorsqu'on a affaire à des peurs ataviques, le papier toilette l'emporte manifestement de loin sur la forêt.

Remplacez-le au choix par du bois de construction, des meubles ou des livres (oui, me voilà pris sur le fait), la conclusion est claire : renforcer la protection des forêts mettrait notre civilisation en danger. Toute une catégorie professionnelle de fonctionnaires chargés de veiller sur la forêt doit en appeler à nos peurs ancestrales, puisque la simple raison nous dit depuis longtemps déjà qu'il y a un problème. Tous les moyens paraissent bons pour se cramponner aux vieilles habitudes. Malheureusement, dans cette ardeur à planter, les industriels ne se rendent pas compte qu'ils provoqueront eux-mêmes à moyen terme une forte diminution du volume de bois. Une fois que toutes les plantations auront été rasées et bradées, la fête sera finie. Il faudra au minimum plusieurs décennies avant qu'on puisse récolter les arbres suivants. Et comme à elle seule l'Allemagne consacre plus de la moitié de ses parcelles boisées à des conifères inadaptés à leur environnement, attendons-nous à ce qu'une surface de taille comparable meure au cours des cinq à dix prochaines années. À la surabondance de bois défectueux succédera ainsi une grande pénurie, qui provoquera pleurs et grincements de dents. En revanche, si nous laissons la régénération se faire naturellement, les nouvelles forêts seront nettement plus robustes. À long terme, l'industrie forestière y trouvera aussi son compte.

Nous continuerons indiscutablement à avoir besoin de bois, c'est notre matière première la plus naturelle. À cela près qu'il est loin d'être aussi écologique que la plupart voudraient le croire, nous l'avons prouvé plus haut. Et l'appétit actuel de notre société pour les matières premières ne pourra plus être satisfait dans les mêmes proportions. Nous devrions garder cela à l'esprit lorsque nous achetons des meubles, du papier et d'autres produits, et nous montrer plus économes de nos ressources. À l'avenir, il faudra envisager tout à fait différemment la question de l'approvisionnement en bois. L'industrie forestière essaie encore d'adapter les forêts à notre appétit. Comme cela ne fonctionne plus, nous devrions renverser la perspective et demander : quelle quantité de bois la forêt pourra-t-elle livrer désormais ? Jusqu'où pouvons-nous intervenir, combien d'arbres pouvons-nous abattre sans nuire massivement au fonctionnement de cet écosystème si important ?

La réponse à cette question est très claire : nous l'ignorons. Tous les modèles de prévisions reposent sur une prédictibilité de la croissance des arbres. Jusque-là, les forestiers se servaient de tables de rendement. Des mesures ont été réalisées sur de nombreuses années dans des sites de production et des plantations d'arbres d'espèces variées. Puis, à partir des résultats obtenus, les chercheuses et chercheurs ont établi des tables dans lesquelles chaque propriétaire de forêt pouvait s'informer du volume de bois que ses épicéas, ses pins ou ses feuillus produisaient par an et par hectare.

Une fois les peuplements d'arbres mesurés, ces tables de rendement permettaient une évaluation à peu près correcte sur plusieurs décennies. Or, au tournant du millénaire, il est apparu que la relève était beaucoup plus importante qu'on ne l'avait pensé, de l'ordre de 10 à 30 % de plus. La raison ? Les gaz d'échappement résultant des transports et des activités agricoles fournissaient à la forêt des composés azotés, lesquels agissaient comme de puissants engrais – un effet néfaste toujours d'actualité. Une croissance rapide est-elle nuisible ? Oui, car, comme nous l'avons vu, par nature les arbres sont plutôt lents et répartissent soigneusement leurs forces. Il leur faut de l'énergie pour le tronc, les branches et les feuilles, mais aussi pour repousser les maladies ou «rémunérer» les champignons qui aident à transmettre les informations.

À l'origine, les arbres filtraient tout au plus 50 kilos de composés azotés venant de l'air par kilomètre carré et par an, autrement dit une quantité plutôt faible dont l'effet fertilisant demeurait marginal. Les activités de l'homme ont fait grimper ce chiffre à 5 000 kilos, c'est-à-dire cent fois plus[2].

Les composés azotés agissent comme une substance dopante, si bien que les arbres croissent au-delà de leurs limites de durabilité. Le volume des coupes a été revu à la hausse et la quantité de bois proposée sur le marché n'a cessé d'augmenter au fil des années. Mais désormais, le rêve s'est évanoui en fumée – les forêts ne peuvent plus produire à ce rythme. Car si les émissions d'oxyde d'azote se poursuivent, la croissance des arbres, elle, recommencera à baisser. La perturbation de l'équilibre alimentaire conduit les arbres à appuyer en quelque sorte sur la pédale de frein[3].

Alors que les émissions d'azote provoquées par les transports sont en baisse, la part due aux activités agricoles poursuit sa hausse, essentiellement à cause de l'épandage de lisier et des gaz qui se diffusent à cette occasion. Ceux-ci continuent à fertiliser le sol de la forêt avec cet engrais naturel autrefois rare. Ainsi, les conséquences se font sentir non seulement sur la croissance des arbres mais aussi sur la végétation du sol. Orties, sureau noir et ronciers montrent que seul un nombre restreint d'espèces fait bombance à l'azote – aux dépens des variétés plus frugales et de la repousse des arbres.

À l'excès d'engrais s'ajoute le stress dû au réchauffement climatique, si bien que les vieilles tables de rendement sont devenues définitivement obsolètes. La conjonction de températures élevées et de sécheresses de longue durée amène les arbres non seulement à freiner leur croissance mais aussi à marquer des haltes de plusieurs semaines.

Nous l'avons vu, les arbres se prémunissent de la chaleur et de la sécheresse en fermant leurs stomates ou en se débarrassant de leur feuillage. Dans l'un comme dans l'autre cas, la photosynthèse devient quasi impossible, la production de bois s'arrête. Pour conclure : même dans les forêts intactes, on ne saurait plus prévoir de manière crédible la quantité de bois qui repoussera. Dans ce contexte, vouloir continuer à augmenter notre consommation est purement et simplement irresponsable.

Et qu'en est-il du papier toilette ? Indépendamment du fait qu'il serait bon d'acheter du papier recyclé, la civilisation continue là aussi d'innover. Il existe à présent des W.-C. spéciaux avec douchette et séchoir intégrés. J'avoue que je n'ai pas encore essayé ce modèle, mais si nos forêts n'étaient plus en état de fournir suffisamment de matière première pour satisfaire à tous nos besoins, personnellement j'opterais pour un nouveau type de toilettes afin qu'on puisse utiliser le papier pour fabriquer des livres.

Cependant l'économie forestière traditionnelle n'en démord toujours pas. À chaque fois que ça a coincé dans la forêt, l'argent est venu à la rescousse – l'argent public, bien sûr. Plus l'État puise dans sa bourse, mieux c'est, et en ce domaine elle est grande ouverte.

Plus d'argent... moins de forêt

LA FORÊT EST EN TRAIN DE MOURIR UNE DEUXIÈME FOIS. La première fois, dans les années 1980, les pluies acides avaient tellement menacé notre poumon vert que j'avais pris peur. En 1983, je commençais le stage préalable aux études d'exploitation forestière, tout en me demandant si je pourrais un jour exercer ce métier. Les documentaires télévisés dressaient alors un tableau extrêmement pessimiste, fait de paysages nus, privés d'arbres, sombrant dans un gris-marron sinistre. En 2000 au plus tard, l'Europe aurait perdu ses grandes forêts. Le fait que les choses se soient passées différemment ne signifie pas que ce scénario catastrophe ait été exagéré, bien au contraire. Ces reportages effrayants incitèrent les hommes politiques à réagir en masse, par exemple en favorisant la désulfuration afin de réduire les émissions d'oxyde de soufre provenant de l'industrie ou en imposant le pot catalytique dans l'industrie automobile. La forêt respira de nouveau. Malheureusement, nous tendons de plus en plus à oublier ce succès écologique inédit. Il serait urgent que nous nous rappelions de quoi nous sommes capables lorsque les arbres – et avec eux notre avenir – sont en danger.

La seconde mort a débuté en 2018. Les arbres ont perdu leurs aiguilles sur des milliers de kilomètres carrés plantés d'épicéas, et le concept « Waldsterben 2.0 » [Mort de la forêt 2.0] a vite fait son apparition. À l'inverse de la précédente, cette mort est très rapide et donc particulièrement visible. Et ce parce qu'en dépit des efforts frénétiques auxquels on se livre, on ne parvient plus à en faire disparaître les symptômes manifestes.

Mais prenons les choses dans l'ordre : lors de la première mort, les victimes étaient la forêt mais aussi l'industrie forestière. Car, malgré les dommages provoqués par les boisements de parcelles, malgré le recours massif aux machines, les coups portés aux feuilles et aux aiguilles provenaient des émissions polluantes des industries et de la circulation routière. Qui plus est, les acides contenus dans l'eau de pluie provoquaient la décomposition d'éléments infimes du sol, les minéraux argileux, qui jouent un rôle important dans le stockage des nutriments dans la terre. Des dégâts qui, à l'échelle humaine, sont irréparables. L'image des gérants de la forêt, en revanche, n'a pas souffert, elle s'est même renforcée à l'occasion de ce drame.

À l'heure actuelle, la situation est différente. La menace qui pèse sur les arbres est une fois encore extérieure, elle résulte de changements environnementaux suprarégionaux. Mais, nous l'avons vu, ce sont les plantations d'essences importées comme les épicéas et les pins qu'elle touche en premier lieu et avec une gravité particulière. Les hêtres et les chênes sont seulement atteints là où la forêt a été massivement éclaircie (ou pillée). En revanche, les feuillus qui se trouvent dans les vastes parcs naturels affichent une remarquable capacité de résistance.

La comparaison des différents types de forêt montre encore une fois que la cause plus profonde de ce déclin tient à l'affaiblissement de l'écosystème provoqué par la gestion forestière traditionnelle. Le dérèglement climatique fait simplement basculer un système déjà fortement fragilisé. Dans ces conditions, il ne sert à rien que tel ou tel professionnel de l'industrie forestière rejoigne le mini-mouvement « Foresters4Future », insolente imitation du mouvement « Fridays-for-Future » initié par la jeunesse. Paradoxalement, pour déclencher le réflexe de soutien au sein de la population, ce sont les responsables du désastre qui proclament l'état d'urgence.

Or, à proprement parler, ce n'est pas la forêt qui meurt, ce ne sont « que » des arbres. L'écosystème fonctionne encore, ainsi qu'en témoignent les surfaces brûlées à Treuenbrietzen. Là où nous n'intervenons pas, la forêt réagit avec force en faisant immédiatement pousser d'autres arbres. Mais dans les endroits où l'on rase tout, où le sol chauffe sous l'ardent soleil estival, où il est écrasé par les machines et où l'humus a presque disparu, la forêt meurt. Et, malheureusement, la manne financière de l'État qui arrose ces surfaces déboisées empêche les responsables de la situation d'arrêter de sévir. Selon eux, la nature n'est plus en mesure de fabriquer de la vraie forêt, seules les administrations forestières en sont capables. Dans ces conditions, il va de soi qu'elles ont besoin d'un soutien financier pour replanter les énormes parcelles déboisées.

D'où cette question à l'adresse de l'opinion publique : comment faire pour retrouver des forêts résistantes et en bonne santé ?

L'argent du gouvernement fédéral (lequel, rien qu'en 2020, a injecté plus de 500 millions d'euros[1]) n'est qu'une goutte d'eau dans l'océan et demeure largement insuffisant aux yeux de l'industrie forestière. Est-ce vraiment le cas ? Ou n'est-ce pas justement l'inverse, la goutte d'eau qui fait déborder le vase ? Car les sommes importantes qui sont accordées doivent bénéficier avant tout aux (re)boisements, autrement dit à l'aménagement de nouvelles plantations. Or nous avons vu à propos des zones forestières brûlées de Treuenbrietzen que cela n'en valait pas la peine sur le plan économique, que cela revenait même à dilapider les fonds publics. Non, ces millions d'euros ne font que soutenir un système artificiel, à bout de forces, qui, sans cette aide, se serait effondré depuis longtemps. Cet attachement rigide aux champs d'arbres produisant du bois fait que les nouvelles forêts deviennent elles aussi plus fragiles et meurent d'autant plus vite.

À mon avis, tous ces programmes de boisement ont par ailleurs un autre objectif. Les administrations forestières tentent à grands frais de faire disparaître visuellement le problème qu'elles ont contribué à créer – tâche irréalisable compte tenu de la taille des arbres et de la dimension des forêts. En l'occurrence, il ne s'agit pas d'un effort pour dissimuler à l'opinion publique l'ampleur de l'échec de toute une branche professionnelle, mais d'une confrontation avec sa propre culpabilité. Personne n'a envie de voir l'œuvre de toute une vie succomber à la sécheresse ou se faire dévorer par les insectes. Certains collègues, résignés, ont pris une retraite anticipée après une succession de tempêtes qui ont déraciné tous les arbres sur des milliers de kilomètres carrés, modifiant le paysage pour plusieurs décennies. Il s'agissait déjà pour l'essentiel de parcelles de conifères, qui furent rasées au plus vite en vue d'un reboisement.

On tente d'obéir à un principe qui serait « Loin des yeux, loin de l'esprit », même si cela ne fonctionne pas vraiment. Je ne parle pas d'un effort de camouflage officiel, mais d'une tendance profondément humaine à éliminer ou atténuer les dégâts visibles. On pourrait aussi interpréter l'intervention de l'État comme une tentative de réparation à grande échelle, alors même qu'on ne peut pas réparer la nature, on le sait. L'idée sous-jacente serait la suivante : on fait table rase et on restaure la forêt de fond en comble en repartant de zéro. À cet effet, on cherche le super-arbre et on replante la parcelle déboisée. On a remédié au désastre, la forêt a été rétablie, l'affaire peut donc être rapidement considérée comme réglée.

Or les dégâts irréparables causés par la gestion forestière coûtent beaucoup d'argent – ou, plus exactement, ce qui est cher, c'est d'en faire disparaître les traces. La plupart des scieries ne veulent plus acheter d'épicéas, parce que leurs troncs sont immédiatement investis par des champignons et des insectes qui en modifient la couleur et provoquent de vilains trous. Qui voudrait acheter des planches, des meubles ou des poutres fabriqués avec ce bois pourri ? On ne s'étonnera donc pas que les prix aient chuté pendant que les coûts de l'abattage, du traitement du bois et du transport sur les sentiers forestiers explosaient.

Chaque tronc que l'on sort de la forêt est un rappel de l'échec des politiques de gestion forestière. Dans la forêt, il aurait accueilli d'innombrables micro-organismes, emmagasiné de l'eau et rafraîchi son environnement. Au terme de nombreuses décennies, il se serait décomposé et transformé en humus au bénéfice séculaire de tout ce qui vit dans le sol. Cette vision écologique de la forêt était et reste largement étrangère aux décideurs politiques. Sinon, comment pourraient-ils subventionner une vaste opération d'évacuation du bois défectueux (ainsi que l'on désigne cette précieuse biomasse) ?

Sortons un moment de la forêt pour entrer dans les bureaux des entreprises forestières afin d'y examiner les conséquences de l'afflux massif de bois. En temps normal, on abat en Allemagne environ 28 millions de mètres cubes de troncs d'épicéas par an[2]. Ceux-ci se vendent relativement bien et, déduction faite des coûts de récolte, atteignent dans les 60 euros le mètre cube. Les scieries veulent du bois extrêmement frais, car, l'été, celui-ci commence à se gâter au bout de quelques semaines.

D'après les estimations officielles, 178 millions de mètres cubes de bois défectueux ont été produits entre 2018 et 2020, pour l'essentiel des épicéas abîmés par des champignons et des insectes. Il n'est donc pas très surprenant que les prix aient dégringolé et soient restés au plus bas. Une fois soustraits les coûts de récolte, les propriétaires de forêts en sont pour une part largement de leur poche. Réflexe typique, ils réclament des subventions à cor et à cri, lesquelles leur arrivent en abondance. C'est ainsi que selon le Land et la région, l'État accorde jusqu'à 30 euros par mètre cube[3] – ce qui correspond souvent à l'intégralité des coûts de traitement des troncs par les ouvriers forestiers. Voilà comment on crée, du côté des pouvoirs publics, une incitation à extraire de la forêt une précieuse biomasse dont le marché du bois ne veut même pas.

Ces agissements bizarres ont toutefois un effet secondaire positif : l'attention des acheteurs chinois s'est portée sur le marché allemand submergé de bois de médiocre qualité. Des troncs épais à prix cassés – c'est une occasion à saisir ! Et voilà comment des milliers de conteneurs ont quitté les ports allemands en direction de l'Extrême-Orient. Une conversation téléphonique avec Frank Voelker, l'administrateur de la Première Nation Kwiakah en Colombie-Britannique, m'a fait comprendre que les répercussions de l'exploitation du bois défectueux en Allemagne étaient mondiales. Frank m'a raconté que, dans la réserve autochtone, les tronçonneuses s'étaient tues pendant des mois, puisque aucune entreprise de déboisement canadienne n'était en mesure de vendre à des prix aussi bas. Au moins, les forêts côtières du Pacifique ont pu respirer pendant un temps.

Cependant une grande partie des subventions n'est pas employée pour abattre les arbres victimes des bostryches. Ces aides financières doivent servir au reboisement, mais elles sont attribuées en bloc et sans que leur utilisation fasse l'objet de vérifications. Leur montant s'élève à 10 000 euros et plus au kilomètre carré, ce qui place désormais la forêt, en termes de subventions et de dérapages, au même niveau que l'agriculture traditionnelle[4].

Une des plus puissantes organisations de lobbying de l'industrie forestière, l'Arbeitsgemeinschaft Deutscher Waldbesitzerverbände (AGDW[5]), est intervenue avec succès auprès de la ministre fédérale de l'Agriculture, Julia Klöckner, pour profiter de cette manne. Son président est Hans-Georg von der Marwitz, député de la CDU* au Parlement, qui, d'après le portail abgeordnetenwatch.de, figure en 2021 à la deuxième place du hit-parade des parlementaires disposant des plus gros revenus annexes[6]. L'AGDW représente l'exploitation forestière conservatrice et n'a pas hésité, par exemple, à intervenir dans le passé au côté des associations paysannes pour s'opposer à l'interdiction des insecticides[7].

À l'AGDW, les associations régionales ne représentent pas seulement des personnes privées mais aussi des instances forestières communales et étatiques. Par l'intermédiaire d'associations privées, les autorités de l'État influencent donc de manière indirecte et dissimulée la politique de

---

* Acronyme désignant l'Union chrétienne-démocrate allemande, parti de centre droit dont faisait partie l'ex-chancelière Angela Merkel.

subvention du gouvernement fédéral. Par ailleurs, c'est une association privée, la Fachagentur Nachwachsende Rohstoffe [l'Agence spécialisée pour les matières premières renouvelables], qui se charge de distribuer l'argent pour le compte du ministère fédéral de l'Agriculture. Elle a été fondée par le gouvernement fédéral en 1993, entre autres pour coordonner et développer des projets de financement. L'Agence est également chargée de rassembler et de mettre à la disposition du public toute la documentation actuelle sur les « matières premières renouvelables », dont l'énergie produite à partir du bois[8]. Détail piquant : elle s'obstine à taire le fait que la combustion du bois est extrêmement préjudiciable au climat et, à l'encontre de l'opinion d'un nombre écrasant de scientifiques, qualifie ce chauffage de « CO_2-neutre[9] ».

L'Agence compte en son sein – qui s'en étonnera ? – des représentants du ministère fédéral de l'Agriculture, de l'industrie du bois et de la forêt ainsi que d'autres institutions de l'État[10]. En bref, il me semble que s'est créé une sorte de libre-service qui formule des besoins, constitue des majorités et se charge en outre lui-même de répartir l'argent – au bénéfice de ses propres membres.

La forêt n'en retire aucun avantage, car l'attribution de subventions est soumise à des obligations minimalistes, par exemple la certification par le label PEFC, peu contraignant. Ce label ne va guère au-delà des exigences légales, il n'est pas très coûteux et n'impose pas de cahier des charges aux propriétaires de forêts[11]. On ne sera donc pas étonné que la plupart des entreprises forestières allemandes aient revêtu ce petit manteau écologique. À présent, elles sont grassement récompensées pour le saut qu'elles effectuent au-dessus de cette barre posée par terre. Que les bénéficiaires emploient cet argent effrontément baptisé « prime de durabilité » pour acheter une nouvelle voiture ou rénover leur salon ne fait aucune différence[12]. Le débat contradictoire sur ces subventions semble avoir été esquivé avant le vote au Parlement. Autrement, comment expliquer que cette prime forestière ait fait son apparition sous la forme d'un appendice à une «loi sur les programmes scolaires pour [la distribution] de produits agricoles[13] »? Derrière ce nom ronflant se cache un projet pour distribuer des fruits et légumes aux écoliers. Débattu au Parlement à une heure tardive, il n'a suscité l'opposition que de deux députés, l'un du parti des Verts, l'autre du FDP, le parti libéral-démocrate.

Comprenons-nous bien: je suis absolument pour qu'on aide financièrement les propriétaires de forêts. Mais il ne faudrait pas répéter l'erreur que nous avons commise dans le domaine de l'agriculture, où une part essentielle des recettes provient de subventions qui n'entretiennent pas de liens pertinents avec les critères environnementaux. Il serait plus approprié de soutenir des entreprises qui misent sur le retour à des écosystèmes stables et offrent par là une véritable contrepartie à la collectivité.

Même en l'absence de subventions, l'argent aggrave la situation de crise dans les forêts. Aux yeux de nombreuses communes et administrations forestières de l'État, les «bois et forêts» doivent dégager d'importantes recettes afin de financer le personnel et d'enrichir les caisses d'un joli petit excédent.

Or cela ne fonctionne pas aussi bien que dans l'agriculture, puisque le marché du bois, nous l'avons vu, est régulièrement déstabilisé par des catastrophes telles que les bostryches ou les tempêtes. Chaque fois que les marchés sont submergés de «bois défectueux», les prix s'effondrent et les finances des collectivités en pâtissent. Comme ce sont généralement les plantations d'épicéas et de pins qui sont touchées par ce type de fléau, on ne trouve alors plus guère d'acheteurs pour les troncs de ces espèces. Mais il suffit d'être malin : certains forestiers font tout simplement un détour avec leur abatteuse dans les vieilles forêts de feuillus bravant encore le réchauffement climatique. Elles contiennent, en effet, des hêtres et des chênes puissants qui se vendent toujours à un bon prix. Amère conséquence : on abîme ainsi les forêts les plus résistantes et les plus précieuses écologiquement parlant.

Les vastes éclaircies sont néfastes pour les vieux arbres, désormais exposés aux rigueurs du soleil. Le hêtre, avec sa peau lisse, est connu pour attraper très facilement des coups de soleil. L'écorce de son tronc s'effrite, dénudant le bois fragile, aussitôt colonisé par des champignons et des bactéries. Le destin de ces géants est alors scellé et ils atteignent le terme de leur existence au bout de quelques années. Tel un feu couvant sous la cendre, la mort des forêts de feuillus se propage en parallèle à celle des plantations, avec une différence importante : les plantations sont victimes de la chaleur estivale, les antiques forêts de feuillus, de la tronçonneuse. Il est donc urgent d'interdire immédiatement l'abattage dans toutes les forêts de feuillus encore intactes.

Pourtant, certains acteurs scientifiques cherchent à empêcher que les surfaces protégées ne s'étendent, et ce par des moyens discutables.

Intrigues en hauts lieux

TOBIAS ÉTAIT SCANDALISÉ. MON FILS SE TROUVAIT DANS SON bureau à l'Académie forestière, avec en arrière-plan une immense photo de hêtraie couleur vert mai. Sur l'écran de son ordinateur, on pouvait lire les chiffres d'une étude scientifique récente de l'institut Max-Planck de biogéochimie de Iéna[1]. Un nom imposant pour une institution de recherche à la réputation jusque-là tout aussi imposante. L'institut avait déjà réalisé des études de grande qualité sur le stockage du carbone dans les végétaux, auxquelles je me réfère volontiers. Cette fois, pourtant, il y avait visiblement un hic avec les chiffres, ou plus exactement avec l'article lui-même. Son auteur, Ernst-Detlef Schulze, professeur émérite, avait repris la plume pour son ancien institut et invité pour l'occasion plusieurs coauteurs. L'un d'eux était le Pr Hermann Spellmann, alors président du comité scientifique consultatif pour la politique forestière du ministère fédéral de l'Agriculture (février 2020). Ils devaient donc tous deux avoir une influence notable sur la politique du gouvernement fédéral en ce domaine.

L'article disait en substance : il est plus bénéfique pour le climat d'abattre des arbres et de les brûler à des fins énergétiques que de protéger la forêt. Et le comité consultatif avait adjoint à la publication une expertise confirmant ces résultats[2]. Pardon ? Pensez à l'Amazonie et à son importance pour le climat de toute l'Amérique du Sud, mais aussi du monde entier. Pensez aux études de l'École supérieure d'Eberswalde qui décrivent l'énorme effet rafraîchissant des vieilles forêts de feuillus. En 2008, Schulze lui-même avait copublié dans la prestigieuse revue *Nature* une étude abondamment citée où il attribuait aux forêts un potentiel élevé en termes de stockage de carbone[3]. Et maintenant ça !

« Nous proposons que la taxe carbone prévue sur la combustion de matériaux fossiles soit instaurée pour soutenir la production durable de bois afin d'apporter la plus grande contribution possible à la protection du climat », déclare le Pr Schulze dans le communiqué de presse de l'institut. En clair : il ne lui suffisait apparemment pas d'affirmer à tort que la combustion du bois était bénéfique au climat, il fallait aussi qu'il revendique un bonus en termes d'impôt. Imaginez un magnat du pétrole réclamant une subvention publique pour la combustion de l'essence. Certes, un professeur n'est pas un magnat du pétrole, mais la comparaison est moins tirée par les cheveux qu'il n'y paraît. M. Schulze, en effet, est gérant de deux exploitations forestières en Allemagne. Et son activité en Roumanie me semble encore plus problématique. D'après la page d'accueil du site de l'institut Max-Planck, il y est gérant adjoint d'une entreprise forestière[4].

Les Carpates abritent quelques-unes des dernières forêts primaires de hêtres, qui subissent le même sort que la forêt amazonienne : elles sont devenues le jouet de l'industrie forestière, et tous les arguments sont bons pour abattre les vieux géants comme si l'on n'avait pas à se préoccuper du lendemain. On y entend souvent tenir les mêmes propos qu'en Allemagne, en Suède, en Pologne et ailleurs : il faut se débarrasser au plus vite des arbres victimes des bostryches afin que ces « foyers d'infection » ne gagnent pas toute la forêt. Aussi ces coupes ont-elles reçu le nom d'« abattage sanitaire ». Or elles se font sur une surface nettement plus vaste qu'on ne l'imagine et sont souvent le point de départ d'abattages supplémentaires dans les environs.

Afin d'accéder aux vieux troncs de hêtres, on dégage des voies d'accès pour les bulldozers dans les dernières vallées encore intactes. De là, les tronçonneuses se fraient un chemin sur les versants. Au bout du compte, il s'y passe la même chose que dans les forêts tropicales, si ce n'est que nous sommes en Europe, un continent prétendument à la pointe de la protection de l'environnement.

Désormais, la Roumanie fait partie des plus grands producteurs de bois en Europe et fournit également de grandes entreprises comme IKEA. Les forestiers qui s'opposent au pillage risquent la mort, tel Raducu Gorcioaia, assassiné à la hache par des voleurs de bois pris sur le fait[5].

Revenons-en au Pr Schulze. D'après les dires d'écologistes locaux, il est partie prenante d'abattages qui ont lieu dans la partie occidentale des monts Făgăraş. Voilà qui achève la comparaison avec le magnat du pétrole car, étant gérant de deux entreprises forestières allemandes, Schulze peut être soupçonné de conflit d'intérêts. Mais là où cela devient vraiment problématique, c'est lorsqu'on se penche sur les étranges résultats de ses calculs. Car ils sont plus qu'étranges !

Tobias m'a dit que Schulze avait commis une énorme erreur. Ses explications sont un peu difficiles à démêler, mais je tiens tout de même à vous les exposer. Elles montrent les astuces dont on se sert pour élaborer un prétendu savoir en la matière. La controverse que je vais retracer ci-dessous, dont l'importance ne se limite pas à l'Allemagne, offre une parfaite illustration de l'arrogance des leaders d'opinion dans le domaine de l'exploitation forestière.

L'étude reposait en grande partie sur des mesures effectuées dans le parc national du Hainich, en Thuringe. Ce petit parc abrite principalement des hêtraies assez anciennes. Par le passé, elles ont été exploitées de manière classique et sillonnées par des machines. À présent, on les laisse évoluer sans plus intervenir afin qu'elles retrouvent un état naturel. Schulze s'est servi de ce parc national pour illustrer ce qu'est une forêt protégée, ce qui en soi est déjà problématique. Il faut en effet des décennies, voire des siècles, pour qu'une forêt de ce type puisse faire à peu près figure de forêt naturelle.

Pour montrer la quantité (ou le peu de quantité) de carbone emmagasinée par la biomasse dans ces forêts non exploitées, Schulze s'est appuyé sur des mesures faites dans le Hainich afin de déterminer tout d'abord quelle était la réserve de bois sous la forme d'arbres, et ce en 1 200 points d'échantillonnage. En 2000, on obtenait une moyenne de 363,5 mètres cubes de bois par hectare. Des mesures refaites aux mêmes endroits en 2010 ont montré une augmentation de 90 mètres cubes par hectare – cela n'avait rien de surprenant, en dix ans les arbres avaient grossi. Les hectares examinés dans le cadre de cette campagne de mesures avaient ainsi gagné annuellement 9 mètres cubes de masse de bois, ce qui fait environ 9 tonnes de dioxyde de carbone absorbées par la forêt. Cela n'étonne pas les gens du métier, ces valeurs étant à peu près celles des autres hêtraies comparables en Allemagne.

Or, lors des mesures de 2010, le parc national a analysé des surfaces supplémentaires, sur lesquelles il n'y avait pas d'arbres ou uniquement de très jeunes arbustes. Cela ne pose pas de problème, à condition de laisser ces chiffres de côté lorsqu'on détermine l'accroissement du bois dans les vieilles hêtraies. En effet, puisque la somme globale inclut à présent les jeunes forêts, elle serait scientifiquement inutilisable dans le cadre d'une comparaison : on ne peut prendre en compte que les surfaces déjà mesurées en 2000. C'est ce que le directeur du parc national, Manfred Großmann, a fait expressément remarquer. Ceux qui intègrent malgré tout l'ensemble des chiffres dans leurs calculs ne sauraient affirmer l'avoir fait par mégarde[6].

Pour Schulze, ce n'est pas un problème, peut-être même est-ce une chance. Quoi qu'il en soit, le professeur a inclus les chiffres des jeunes forêts, ce qui sur le papier a fait baisser la moyenne de la masse de bois nouvellement formée de 9 mètres cubes par an et par hectare à 0,4 mètre cube. C'est moins d'un vingtième du bon chiffre[7]. Hourra ! D'après ses calculs, une vieille forêt non exploitée n'emmagasine pour ainsi dire pas de dioxyde de carbone, alors qu'une vieille forêt exploitée (selon les chiffres corrects établis par l'inventaire des forêts fédérales) fait vingt fois mieux.

Sur ces bases, Schulze, Spellmann et leurs collègues ont calculé qu'une exploitation importante faisait grimper les chiffres du stockage de CO_2 dans la forêt et exerçait donc un effet positif sur le climat. Hum... Vider un réservoir augmenterait les stocks existants ? Si l'industrie forestière était aux anges, les écologistes, eux, ont été horrifiés. On ne pouvait pas passer cette erreur sous silence ! Tobias s'est joint à d'autres scientifiques : sous la direction de Torsten Welle, de l'Académie forestière de Lübeck, et du Pr Pierre Ibisch, de l'École supérieure du développement durable à Eberswalde (HNEE), ils ont publié une critique de l'étude ainsi qu'un communiqué de presse sur la page d'accueil de l'HNEE afin d'exposer au monde entier l'erreur commise[8]. Deux autres équipes de recherche internationales ont également remis en cause cette étude.

La réaction n'a pas tardé, avec l'intervention de l'institut Thünen pour les écosystèmes forestiers, qui dépend du ministère fédéral de l'Agriculture et se trouvait donc à ce moment-là sous les ordres de Julia Klöckner. Cet organisme de recherche fédéral a pour mission de fournir au personnel politique la documentation scientifique la plus récente[9]. Mais au lieu de critiquer l'étude discutable de M. Schulze ainsi que l'on s'y serait attendu, Andreas Bolte, son directeur, s'en est pris sur Twitter aux chercheurs qui avaient dénoncé l'erreur[10]. Et ce n'est pas tout. Entrée en scène de Jürgen Bauhus, le nouveau président du comité scientifique consultatif. La tâche de ce comité consiste non seulement à élaborer des propositions, mais aussi à favoriser expressément le débat scientifique[11]. Cependant Jürgen Bauhus, qui enseigne la sylviculture à l'université de Fribourg, a une drôle de conception du débat. Il a exigé par écrit, sous la forme d'un ultimatum, la rectification du communiqué de presse. Finalement, les protestataires y ont ajouté une mention critique à l'égard du comité consultatif qui, à l'instar de Schulze et Spellmann, propageait l'idée qu'il valait mieux pour le climat exploiter les forêts que les protéger. Et pour couronner le tout, Bauhus s'est plaint de l'École supérieure d'Eberswalde, qui avait publié le communiqué de presse, auprès de la Fondation allemande pour la recherche (DFG). Motif: infraction aux bonnes pratiques scientifiques. Ce qui était une façon de faire pression sur l'École et surtout sur les chercheuses et chercheurs d'Eberswalde qui avaient réagi. Il va de soi que la DFG n'a découvert aucune infraction et a clôturé son enquête[12].

Pour moi, toute cette agitation à propos de l'étude a constitué un moment clé en matière de politique forestière. Quand on ne se contente plus de critiquer ceux qui pensent différemment, mais qu'on essaie de les réduire au silence et de leur nuire professionnellement alors qu'ils se sont comportés de manière correcte, il est de temps de s'inquiéter pour les institutions publiques. Mais il y a pis.

L'étude de Schulze et Spellmann n'est pas seulement un impair fâcheux pour l'institut Max-Planck et la sylviculture allemande. Ce qui est plus problématique, ce sont les répercussions qu'elle a eues en Roumanie. Là-bas, Schulze jouit d'un certain renom. Quand un scientifique allemand, de concert avec des spécialistes, recommande de ne plus protéger les vieilles forêts et de les exploiter – ce qui signifie les livrer à la destruction –, c'est une gifle pour tous les écologistes locaux. Nombre d'entre eux ont risqué leur vie afin de préserver les vieux hêtres au bénéfice de l'humanité.

Christoph Promberger, directeur exécutif de la Foundation Conservation Carpathia (FCC[13]), m'a informé que l'étude de Schulze avait rencontré un accueil enthousiaste auprès des autorités publiques en charge des forêts en Roumanie et qu'elle justifiait désormais la politique brutale d'abattage menée par l'État. Christoph a essayé d'acquérir cette forêt afin de l'intégrer à son projet de création du plus grand parc national d'Europe, en vain.

On en viendrait presque à penser que le Pr Schulze a mené cette étude essentiellement à son profit, afin de justifier son action dans le cadre d'une des plus grandes entreprises de destruction de l'environnement en Europe. Malheureusement, les dégâts collatéraux se font sentir bien au-delà des quelques kilomètres carrés de forêt allemande et roumaine placés sous l'aile de M. Schulze. Si vous lisez ces lignes dans un autre pays, vous serez concernés au moins autant que les lecteurs allemands. Ce n'est pas seulement parce que la question du climat nous affecte tous et que, dans une certaine mesure, nous sommes tributaires de chaque forêt dans le monde. C'est surtout que l'exploitation forestière allemande exerce depuis le XIXe siècle son influence à l'échelle mondiale, notamment parce que, à mon grand regret, elle continue de passer pour exemplaire. Pourtant, nombreux sont les professionnels d'autres pays qui ont reconnu ses conséquences néfastes, par exemple sur les forêts d'Inde.

Pradip Krishen, un des écologistes et experts les plus réputés du sous-continent, écrit dans la préface de l'édition indienne de *La Vie secrète des arbres* que ce sont des forestiers allemands qui ont familiarisé les populations locales avec l'idéal des plantations standardisées. Ils ont déboisé, planté uniquement les espèces souhaitées et écarté tout le reste. Ce type de gestion, déclare Krishen, a provoqué d'énormes dégâts en Inde et ce système a encore de beaux jours devant lui[14].

Mais pourquoi a-t-on accordé tant de crédit aux experts allemands partout dans le monde ? Au XIXe siècle, l'Allemagne et la France étaient à peu près les seules à exploiter la forêt de manière industrielle et moderne. Une grande partie du monde se trouvait sous domination anglaise et, comme on le sait, les Anglais ne s'entendaient pas avec les Français. Rien d'étonnant, dès lors, à ce que l'Angleterre ait invité des forestiers allemands dans les colonies afin qu'ils y domestiquent la nature avec la rigueur appropriée. Désormais, l'Empire britannique est de l'histoire ancienne, mais pas les reboisements, hélas.

Cette façon de prêcher le caractère bénéfique de la combustion du bois comme un mantra me rappelle l'industrie pétrolière. Le groupe pétrolier néerlando-britannique Shell sait depuis trente ans, grâce à des études réalisées en interne, que ses combustibles sont nocifs pour le climat. Pourtant, Shell s'est uni à d'autres géants de l'industrie pour nier sa responsabilité dans le dérèglement climatique[15].

L'industrie forestière se dresse, elle aussi, contre le consensus scientifique sur la combustion du bois et son effet nuisible. Dans bien des cas, cette combustion serait plus dommageable que l'utilisation de la houille. Environ 800 chercheuses et chercheurs ont attiré l'attention de la Commission européenne sur ce point dès 2017[16].

Une étude réalisée la même année alerte sur le fait que la mise en œuvre des objectifs de l'Union européenne en matière d'énergies renouvelables fera passer la consommation européenne de bois à 752 millions de mètres cubes d'ici 2030, contre 346 millions en 2009, autrement dit plus du double – et nous ne parlons là que du bois à brûler[17] ! C'est douze fois l'abattage moyen en Allemagne. L'équivalent en pétrole serait environ de 180 millions de tonnes. À titre de comparaison : en 2019, la consommation de pétrole en Europe s'élevait à 705 millions de tonnes[18]. Le bois s'apprête donc lentement à damer le pion au pétrole en matière de pollution environnementale. Car il ne s'agit pas seulement du bois, qui, en brûlant, émet du dioxyde de carbone. Le sol, privé de ses troncs, rejette également d'énormes quantités de composés carbonés. Comme je l'ai expliqué plus haut, une fois la couche supérieure réchauffée par le soleil, les micro-organismes s'en donnent à cœur joie et dévorent l'humus jusqu'à la dernière miette. Au total, d'importantes quantités de gaz à effet de serre peuvent ainsi s'accumuler.

La destruction de grands écosystèmes forestiers a sans doute des répercussions climatiques si considérables que, je le répète, nous devrions dès maintenant traiter sur un pied d'égalité l'utilisation du bois et la combustion du pétrole. Mais cela demande encore à être étudié de plus près scientifiquement parlant. Ce qui nous ramène à notre point de départ : tant que des scientifiques influents appartenant au milieu de l'industrie forestière refuseront de reconnaître jusqu'aux corrélations les plus simples, on n'avancera guère.

Du reste, les autorités administratives sont également dans le déni. On ne s'en étonnera pas : ces organes de contrôle qui devraient empêcher le pillage sont eux-mêmes les principaux vendeurs de bois en Allemagne. Admirons le paradoxe : en pratique, les autorités de contrôle se contrôlent donc... elles-mêmes. L'empressement des services administratifs à abattre et vendre le plus de bois possible a pourtant été freiné à maintes reprises par décision de justice. Avant 1990 existait ce qu'on appelait le Holzabsatzfonds. Ce fonds faisait de la publicité pour le bois en tant que matière première afin d'encourager la vente et de couper encore plus d'arbres. Chaque vendeur devait verser au pot commun un pourcentage de ses rentrées fixé par l'État. On faisait ainsi la promotion de l'exploitation de la forêt en usant de moyens coercitifs. Dès 1990, le Tribunal constitutionnel fédéral d'Allemagne a jugé cet impôt anticonstitutionnel, entre autres parce que la gestion des forêts publiques ne devait pas être au service de la vente du bois mais de sa protection et de sa restauration[19].

Conséquence : la loi correspondante a été légèrement modifiée et on a continué comme avant. Ce n'est qu'en 2009, lorsque le Tribunal constitutionnel fédéral a, pour la deuxième fois, dénoncé le caractère anticonstitutionnel de cette pratique et l'a interdite qu'on a mis un terme à la perception forcée de taxes pour le fonds[20]. Ce qui n'a pas empêché ses promoteurs de continuer à placer la production de bois dans les forêts publiques au centre de l'exploitation forestière. Il reste à espérer qu'il ne faudra pas attendre dix-neuf ans de plus pour avoir un troisième jugement du Tribunal.

Ces énormes ventes de bois par l'État se voient actuellement freiner pour une tout autre raison. Depuis de nombreuses années, l'Office fédéral allemand de lutte contre les cartels cherche à mettre un terme à la vente par les autorités forestières, pratique qui s'apparente à un cartel de commercialisation sans véritable concurrence[21]. Jusqu'ici, son action n'a guère porté de fruits. Mais depuis, une institution américaine de financement des frais de justice s'est emparée de l'affaire. L'entreprise Burford Capital, rémunérée à la commission, poursuit plusieurs Länder pour le compte de scieries allemandes et réclame à la Rhénanie-du-Nord-Westphalie des dommages et intérêts de 183 millions d'euros – une somme considérable pour ce petit secteur forestier[22]. Lorsque le cartel de scieries ASG 3 (Ausgleichsgesellschaft für die Sägeindustrie Rheinland-Pfalz GmbH), lui aussi soutenu par Burford, avait réclamé 121 millions d'euros de dommages et intérêts à la Rhénanie-Palatinat, Ulrike Höfken, alors ministre de l'Environnement, s'était lamentée en déclarant que la plainte avait un effet dévastateur sur la forêt[23].

Les procédures judiciaires sont une affaire de longue haleine et, jusqu'à présent, l'industrie forestière est parvenue à se glisser dans tous les interstices pour préserver le statu quo. En attendant, le réchauffement climatique progresse et nous perdons un temps précieux pendant lequel nous pourrions et devrions agir. Parce que nous pouvons agir ! Et pour ce faire, sortons de la forêt et regagnons nos foyers – plus particulièrement la salle à manger.

Qu'y a-t-il dans votre assiette?

LES GROS TITRES SUR LE RÉCHAUFFEMENT CLIMATIQUE SE focalisent sur les conduits qui nous enfument : pots d'échappement, cheminées ou réacteurs d'avion, les gaz d'échappement avec leur CO_2 sont au cœur du débat sur le climat. Ajoutez-y des photos de la fonte des glaciers en Antarctique ou des incendies de forêts le long de l'Amazone et vous obtiendrez une parfaite mise en scène de l'Apocalypse. Cela présente un avantage : on sait ainsi que toute l'humanité est concernée. Mais pour la majeure partie de la population, les problèmes se jouent pour l'instant surtout sur l'écran du téléviseur.

Sur le plan local, en revanche, la hausse des températures et la sécheresse croissante ont une tout autre cause : la transformation de la forêt en paysage aménagé. Nous avons déjà parlé de l'effet climatiseur des forêts ancestrales ainsi que de l'écart de température qui peut atteindre 10 °C entre la forêt et les surfaces agricoles (voire bien plus entre la forêt et la ville). Saviez-vous que cette différence a un lien avec votre assiette?

J'ai rassemblé ici quelques chiffres qui vous donneront une bonne vision d'ensemble. Et ne vous inquiétez pas :

quand nous serons arrivés au terme de nos calculs, le résultat vous rendra optimistes. Car je pourrai alors vous exposer une des solutions les plus importantes dans notre lutte contre le réchauffement climatique, et qui est aussi aisément applicable – promis !

Les exploitants forestiers ont réduit la superficie des forêts en Allemagne à 32 % du territoire et les ont largement remplacées par des plantations.

La transformation de ce qui restait des anciennes forêts primaires est encore plus manifeste : 14,7 % sont accaparés par des lotissements et des voies de circulation, quelques autres pour cent par des étendues d'eau, des mines à ciel ouvert et des friches. Cependant c'est l'agriculture qui se taille la part du lion avec 47 %, c'est-à-dire 167 000 kilomètres carrés.

Les denrées alimentaires de base, telles que les pommes de terre, les céréales, les fruits et les légumes, mais aussi le vin sont cultivés sur 47 000 kilomètres carrés. S'y ajoutent des champs réservés aux biocarburants et aux biogaz – des produits de substitution aux énergies fossiles – sur une surface de 20 000 kilomètres carrés. L'alimentation animale, autrement dit la production de viande, œufs et produits laitiers compris, occupe 100 000 kilomètres carrés – presque autant que la totalité de la surface de forêts (114 000 kilomètres carrés[1]).

Si l'Allemagne peut sembler autosuffisante en ce qui concerne de nombreuses denrées de base d'origine végétale, le maintien des animaux d'élevage, en revanche, accapare également d'énormes surfaces à l'étranger, où l'on cultive par exemple du soja ou d'autres aliments concentrés destinés à leur alimentation.

Si j'insiste à ce point sur l'étendue des terres mobilisées, c'est qu'il s'agit de l'élément crucial dans les gaz à effet de serre émis pour la consommation de viande. Beaucoup de calculs ne prennent en compte que le bilan carbone direct issu du processus de production et oublient la conversion des forêts en prairies ou parcelles agricoles.

Pour que ce bilan soit transparent et compréhensible, j'aimerais procéder avec vous à une petite estimation. L'objectif n'est pas de s'appuyer sur des chiffres exacts, mais d'avoir une vision approximative des choses.

Pour ce faire, commençons par regarder quelle est la quantité moyenne de dioxyde de carbone stockée dans la biomasse d'une forêt sous la forme de carbone. Dans une hêtraie primaire et intacte d'Europe centrale, cela représente dans les 1 000 tonnes par hectare[2]. Si l'on transforme cette forêt en pâturage pour les bœufs, la plus grande partie du carbone des arbres coupés et du sol s'échappe dans l'atmosphère, et doit donc être comptabilisée en sus.

On pourrait objecter que la forêt qui a été défrichée il y a plusieurs siècles ne devrait pas être mentionnée dans le bilan. Quoique l'on puisse être d'un avis différent, calculons par précaution à partir d'aujourd'hui, c'est-à-dire en prenant en compte la prairie existante. Celle-ci pourrait servir à nourrir les bêtes ou être reboisée. Dans le premier cas, le dioxyde de carbone absorbé annuellement par l'herbe passe pour l'essentiel dans l'estomac des vaches et rejoint de nouveau l'atmosphère au cours du processus de digestion. En revanche, si la prairie était reboisée (ou si on la laissait se régénérer naturellement), la plus grande part des gaz à effet de serre absorbés par les arbres resterait stockée sous forme de bois et d'humus. De quels volumes parlons-nous ?

Chose surprenante, prairies et forêts emmagasinent annuellement à l'hectare des quantités de carbone très proches, à savoir entre 6 et 9 tonnes pour les prairies et entre 4 et 7 pour les forêts. Pour plus de simplicité, prenons dans l'un et l'autre cas le chiffre de 6 tonnes. Le facteur de conversion du carbone pur en dioxyde de carbone est de 3,67[3], autrement dit 6 tonnes de carbone donnent 22 tonnes de CO_2 que les végétaux soustraient à l'atmosphère. Les animaux, les champignons et les bactéries qui se nourrissent d'herbe, d'humus, d'arbres morts, etc. en relâchent une partie. Dans la forêt, toutefois, il reste au moins l'équivalent de 11 tonnes de CO_2 rien que dans la repousse[4]; au total (en incluant l'écorce, les feuilles, l'humus), nous pouvons compter sur 15 tonnes annuelles supplémentaires. À l'inverse: si, sur cet hectare, on installe des animaux d'élevage, la parcelle ne stocke plus ces 15 tonnes, les arbres étant remplacés par de l'herbe, laquelle est continuellement broutée. Ce volume doit être pris en compte pour le maintien des animaux d'élevage et nous allons voir à présent ce que cela fait par kilogramme de viande.

Sur l'hectare en question, on peut au plus nourrir en moyenne un bœuf de 500 kilos. Après abattage, il reste 53 % de viande, c'est-à-dire 265 kilos. Les 15 tonnes de dioxyde de carbone provenant de l'herbe (ou de la forêt disparue) sont donc libérées pour 265 kilos de viande, ce qui fait 57 kilos de gaz à effet de serre par kilogramme. Le bilan total est encore bien pire, car il faut utiliser des machines pour produire du foin puis livrer l'animal traité et découpé dans les supermarchés. Qui plus est, durant sa courte vie, il rejette quotidiennement 200 litres de méthane[5], un gaz produisant vingt et une fois plus d'effet sur le climat que le dioxyde de carbone.

À quoi l'on pourrait ajouter les 1 000 tonnes de CO_2 rejetées dans l'atmosphère par l'élimination de la forêt d'origine. En les répartissant sur deux cents ans d'exploitation des terres à titre de pâturage, on arrive annuellement à 5 tonnes ou 19 kilos de CO_2 par kilo de viande de bœuf issus de cette vieille dette climatique. La simple production, c'est-à-dire la culture du fourrage et le traitement, pèse en sus, selon le même mode de calcul, pour plus de 20 kilos de CO_2 par kilo de viande de bœuf[6]. Ce qui nous fait au bout du compte un peu moins de 100 kilos de dioxyde de carbone par kilo de viande de bœuf.

Encore une fois, il ne s'agit que d'une évaluation sommaire en poussant le curseur au maximum afin de voir dans quel ordre de grandeur nous nous situerions lorsqu'on parle de consommation de viande. Celle-ci se monte à 87,8 kilos par personne et par an (qui se réduisent à environ 60 kilos avant d'atterrir sur l'assiette[7]). Ce qui ferait en Allemagne 8,8 tonnes de dioxyde de carbone par an et par habitant rien que pour la consommation de viande !

En 2017, le bilan de l'Office fédéral de l'environnement pour l'ensemble de l'alimentation était de 1,74 tonne par an et par personne[8]. L'évaluation des autorités gouvernementales concernant la viande est manifestement très inférieure et omet de prendre en compte la perte de forêts en Allemagne. Un certain nombre de sites attribuent à la viande de bœuf sud-américaine, produite sur des terrains initialement occupés par la forêt tropicale, la valeur énorme de 335 kilos[9], autrement dit le triple de notre évaluation.

Cela étant, tout le monde ne mange pas exclusivement de la viande de bœuf, laquelle s'en sort particulièrement mal sur le plan écologique. Le porc et la volaille ont la réputation d'être moins néfastes pour le climat, mais la plupart des calculs ignorent ou intègrent imparfaitement la composante « déforestation ». Du coup, il manque le facteur le plus important et la validité de ces calculs s'en trouve fortement remise en cause, au point que, dans la perception collective, l'alimentation perd sa première place en ce qui concerne les atteintes au climat.

En Europe, du moins, ce n'est pas tant la déforestation que le refus de la reforestation qui, à l'heure actuelle, alourdit le bilan. Voilà qui explique également pourquoi le sujet ne reçoit pas assez d'attention dans la presse ou autres publications. Une ancienne forêt reconvertie en pâturages ressemble davantage à une idylle qu'à une catastrophe climatique. Des cheminées fumantes constituent un avertissement, ce qui n'est pas le cas de prairies où batifolent des papillons.

Je souhaiterais me risquer avec vous à une petite expérience de pensée. Que se passerait-il si on limitait la consommation de viande au rôti dominical, comme dans le temps ? Quelle quantité de forêt pourrait-on faire renaître en Allemagne et quelles en seraient les répercussions sur les températures ?

Une portion de viande pèse en moyenne dans les 150 grammes. Sur un an, la quantité passerait de 60 kilos à 52×150 grammes = 7,8 kilos de viande par personne. La consommation de viande baisserait de 52,2 kilos ou 87 %. Ce qui permettrait de procéder à la reforestation des surfaces correspondantes actuellement consacrées à la production du fourrage. Et avant qu'on me fasse remarquer qu'une part importante du fourrage est importée : c'est bien l'intérêt de calculer en pourcentage. Si l'on réduit les besoins en fourrage de 87 %, on pourra réduire dans la même proportion la superficie des terres concernées, chez nous comme à l'étranger.

Cependant, si nous mangions moins de viande, nous aurions besoin d'augmenter les quantités d'aliments végétaux afin de compenser les calories manquantes. Aucun problème, il n'y a qu'à utiliser les parcelles consacrées aux biogaz et aux biocarburants, aussi nocifs pour le climat que la production de viande ainsi que je l'ai montré dès 2008 dans le cadre de recherches menées pour un livre sur les bioénergies. Au bout du compte, un réacteur à biogaz n'est rien d'autre qu'une grande vache artificielle. L'herbe et le maïs ensilage sont placés dans les ballons de fermentation ; ce faisant, il y a des émissions de CO_2 et de méthane, que ce soit de manière directe par des fuites ou indirecte lors de la combustion. Il faudrait y mettre fin au plus vite. À ces endroits, on pourrait cultiver des aliments bio végétaux afin de compléter notre alimentation.

On se retrouve donc au maximum avec 87 % de viande en moins ou, si l'on préfère, 87 % de surfaces supplémentaires pour la reforestation. Sur 100 000 kilomètres carrés de terres dédiées au fourrage, on pourrait ainsi en mettre 87 000 à la disposition de nouveaux arbres. En Allemagne, les superficies boisées atteindraient alors 200 000 kilomètres carrés, ce qui fait tout de même 56 % du territoire !

La transformation du paysage juste à notre porte présente un avantage particulier : si nous voyons, au sens propre du terme, que la baisse de la consommation de viande conduit au retour de vastes et nouvelles forêts, que le climat local se rafraîchit et que les précipitations augmentent, cela incitera peut-être les hommes politiques à rompre enfin avec la production industrielle de viande.

Les Pays-Bas ont déjà atteint ce stade : là-bas, le gouvernement encourage l'abandon de l'élevage industriel grâce à un programme accordant des paiements compensatoires à hauteur de 1,9 milliard d'euros sur dix ans aux exploitants qui rasent leurs étables et investissent dans le tourisme, par exemple[10]. Une politique que je souhaiterais voir mettre en œuvre en Allemagne. Chez nous, on produit annuellement 8,6 millions de tonnes de viande[11]. Ce qui fait plus de 100 kilos par personne et dépasse donc nettement la consommation nationale. L'Allemagne produit une grande quantité de viande bon marché destinée à l'export, et ce avec du fourrage importé entre autres de contrées où l'on déboise à cet effet la forêt tropicale. La pratique néerlandaise, qui consiste à inciter par des subventions les éleveurs industriels à arrêter de leur plein gré leur cruelle activité, me paraît un compromis raisonnable. C'est de l'argent bien investi puisqu'il réduit considérablement le coût ultérieur pour l'environnement et, par là même, pour nous tous. Pensez par exemple à notre nappe phréatique, notre ressource alimentaire la plus importante, dont la qualité ne cesse de se détériorer en raison de l'épandage de lisier.

Revenons-en au retour de la forêt. Elle pourrait procurer aux exploitants agricoles une source de revenus bien plus facile que le commerce de la viande bon marché, dont les conditions ne cessent de se dégrader. Si les exploitants et exploitantes agricoles gagnaient 1 000 euros par an et par hectare en se bornant à laisser la forêt reprendre ses droits, leur compte en banque se remplirait de lui-même et leur image s'améliorerait nettement. En prime, ils bénéficieraient gratis de l'intitulé professionnel correspondant : exploitant ou exploitante du climat.

À supposer que nous laissions réellement la forêt reprendre possession de vastes étendues, que deviendraient alors les habitants de la prairie ? Ainsi que je l'ai constaté à de multiples reprises au cours des promenades que j'organisais dans les forêts de l'Eifel, je suscite l'indignation des participants lorsque je propose de reboiser davantage de prairies. Ils soulignent leur importance pour toutes sortes d'herbes et de graminées, d'insectes et d'amphibiens déjà en très fâcheuse posture dans nos paysages aménagés.

Louable plaidoyer, dont les présupposés sont cependant erronés.

Les espèces locales qui vivent dans des paysages ouverts et qui sont tributaires de zones lumineuses dans la forêt, comme les insectes par exemple, ne survivent généralement pas dans les prairies. Il leur faut des pâturages, ce qui est très différent. Les pâturages sont broutés, ou plutôt légèrement mangés par de grands herbivores. Ils sont apparus naturellement dans les zones de forêts rivulaires, lesquelles s'étaient répandues sur des kilomètres de part et d'autre des grands fleuves. Jusqu'au milieu du XXe siècle, ces fleuves gelaient régulièrement, ce qui représentait indirectement la grande chance des pâturages naturels. Comme nous l'avons vu, les glaces charriées par les eaux fluviales au printemps créaient des espaces dégagés où les herbes, les graminées et les arbustes pouvaient se développer.

Dans ce type d'étendues herbeuses semi-ouvertes, plantées d'arbres disséminés, paissaient autrefois des bisons, des aurochs et des chevaux sauvages. Ils ont laissé un paysage de pâtures riche en espèces dont l'existence est cruciale pour des milliers de variétés d'insectes.

Il ne reste des forêts rivulaires que quelques pitoyables vestiges. Les crues, sauf exception, appartiennent désormais au passé, sans parler des glaces flottantes. La dynamique générale de ces précieuses forêts s'est quasiment arrêtée, pour une raison essentielle : les vallées fluviales sont désormais habitées par l'homme et non plus par des herbivores sauvages. On y trouve de très avantageuses terres arables, fertilisées par le limon abandonné lors des crues. Des colonies et des villes se sont implantées, notre espèce y a développé sa civilisation. Une civilisation exposée aux crues, d'où les digues et les barrages qui maintiennent l'eau à distance. Il ne subsiste que quelques maigres restes tels les bassins de retenue et les zones inondables, qui constituent plutôt un réservoir d'eau à court terme qu'une véritable forêt rivulaire.

En conséquence, si nous voulons faire quelque chose pour les animaux des zones herbeuses, il faut que ce soit dans leur habitat d'origine. Nous avons besoin de toute urgence d'un autre parc national dans la vallée du Rhin ou au bord de l'Elbe. Celui de la Basse-Oder est un modeste début, rien de plus, avec ses 100 kilomètres carrés. D'ailleurs sa surface n'a été que partiellement rendue à la nature. Sur la pression des lobbys réunis des agriculteurs et des pêcheurs, seuls 50,1 % du terrain ont été soustraits aux activités d'exploitation. Un pourcentage qui n'a pas été choisi au hasard car, pour qu'un espace soit déclaré parc national, il faut que plus de la moitié de sa superficie soit protégée. Le parc de la Basse-Oder se trouve ainsi juste au-dessus de la limite plancher[12].

Il nous manque donc encore une véritable grande zone fluviale sauvage qui puisse offrir un abri aux végétaux de la forêt rivulaire et à leurs communautés animales. Au lieu de quoi on retape des étendues de prairies en moyenne montagne à coups de subventions afin d'y faire paître les moutons. Notre région vallonnée était autrefois le siège de hêtraies primaires et l'on n'y trouvait pas de grands troupeaux de bisons ou de chevaux sauvages. Or c'est précisément à cet endroit qu'ont été engagés des projets de protection des espèces. Le prince Richard de Sayn-Wittgenstein-Berleburg, par exemple, a lancé un plan d'implantation de bisons[13]. Cependant la forêt concernée ne se trouve pas dans une plaine alluviale mais dans le Rothaargebirge, une chaîne de montagnes située dans le Sauerland. Le prince a mis à disposition une quarantaine de kilomètres carrés pour que les bœufs sauvages puissent s'installer. Or même si cette surface peut paraître importante, c'est beaucoup trop peu pour des animaux dont le poids vif se monte à une tonne. À titre de comparaison : le chat sauvage, qui n'est guère plus grand que son cousin domestique, a besoin d'un territoire de 10 kilomètres carrés et plus. L'issue était inévitable : les bovidés ne se sont pas contentés du terrain qu'on leur avait réservé et ont parcouru allègrement les prairies, les champs et les forêts. Ce faisant, ils ont grignoté l'écorce des arbres, leur ôtant de la valeur marchande. Sans surprise, les propriétaires des forêts se sont plaints, ont réclamé des dommages et intérêts et demandé que les bisons soient tenus à distance. Le troupeau va devoir être réduit et vivre dans une sorte d'enclos, ce qui n'a plus rien de naturel[14]. C'est donc aussi pour ce genre de grands mammifères que nous avons absolument besoin d'au moins un grand parc national en bordure de fleuve.

Il faudra sans doute encore un certain temps avant que les hommes politiques préconisent moins de viande et davantage de forêt et de parcs nationaux. En ce qui concerne la viande, en tout cas, chacun peut évidemment commencer à son niveau. Et avant que vous ne me posiez la question : oui, j'ai complètement arrêté de manger de la viande il y a tout juste trois ans. Ma femme et moi avons décidé de changer notre régime alimentaire par compassion pour la souffrance animale et souci de la nature. Mais il existe bien d'autres possibilités d'agir dès maintenant, là où l'on se trouve.

LA FORÊT DU FUTUR

Chaque arbre compte

« UN SEUL ARBRE ? QU'EST-CE QUE ÇA CHANGE ? » JE SUIS DE plus en plus souvent confronté à cette question. À l'échelle mondiale, mettre en terre un unique plant d'arbre pour lutter contre le réchauffement climatique est sans doute encore plus dérisoire que la fameuse goutte d'eau dans l'océan. Qui plus est, je suis convaincu qu'en bien des endroits les forêts peuvent revenir d'elles-mêmes. Mais sur le plan local, planter des arbres, c'est déjà quelque chose, et par là j'entends sur le plan très local, par exemple devant chez vous. Un seul et unique arbre pourra très bien, et de façon quantifiable, avoir une influence sur la météo, ainsi que vous le constaterez vous-mêmes. Si, l'hiver, vous garez votre voiture sous un arbre, les vitres ne gèleront pas aussi vite. Autrement dit : sous un houppier, comme sous une couverture, il fait moins froid.

En été, c'est l'inverse. La baisse de température enregistrée à proximité des arbres résulte à la fois de l'ombre et de l'évaporation de l'eau. Cela aussi s'observe facilement en effectuant vous-mêmes un petit test. Ouvrez un parasol par une journée d'été torride et installez-vous dessous : il y fait chaud, mais un peu moins que si vous étiez directement exposés au soleil. Puis placez-vous sous un arbre et sentez la différence. Les très grands vieux feuillus peuvent faire baisser la température de 2 °C, ce qui n'a rien de surprenant puisque, comme nous l'avons vu, un vieux hêtre rejettera jusqu'à 500 litres d'eau par l'intermédiaire de ses feuilles. En effet, pour s'évaporer, l'eau a besoin de l'énergie thermique de l'air environnant. Notre corps se livre à la même opération lorsqu'il transpire.

Ces énormes quantités d'eau évaporée laissent souvent des traces sur les murs des habitations qui se trouvent à proximité. À l'ombre de la couronne, il se forme parfois un dépôt d'algues gris verdâtre indiquant un degré d'humidité de l'air particulièrement élevé.

J'ai fait ce type d'expérience dans notre maison forestière, qui est dûment entourée d'arbres. Il y a notamment un vieux et puissant bouleau – le plus grand que j'aie jamais vu. Il se trouve à 8 mètres de la fenêtre de mon bureau et son tronc creux offre aux oiseaux nicheurs un lieu de nidification protégé. La station météo de la maison forestière affiche régulièrement un écart de 2 °C avec l'Académie, située sur la colline suivante dans la localité voisine de Wershofen. La seule différence, c'est que les arbres de l'Académie sont encore très petits – le bâtiment et le jardin n'ont été achevés que fin 2019. Deux degrés de moins en période de chaleur, deux de plus lorsqu'il fait froid, une forte humidité de l'air – l'influence du vieux bouleau et des arbres anciens du jardin se fait sentir toute l'année.

Un seul arbre peut donc tout à fait jouer sur le climat local juste à votre porte. Il me paraît très important de le souligner parce que chaque modeste arbre de jardin vient contredire l'affirmation fataliste selon laquelle l'individu est impuissant à initier un changement. Quelle est l'espèce la plus appropriée pour un jardin ou une rue ? Il faut toujours choisir une essence locale, car la même règle s'applique que dans la forêt. Des arbres dépend toute une chaîne alimentaire, dont ils sont eux-mêmes partiellement tributaires en retour (l'holobionte, rappelez-vous). On jettera donc un coup d'œil dans les forêts naturelles que nous avons à notre porte. En Allemagne, ce sont le chêne, le hêtre, l'érable champêtre, le sorbier torminal ou le tremble, qui, partout dans le pays, repeuple courageusement les zones déboisées*. Et si vous voulez faire d'une pierre deux coups, les arbres fruitiers constituent aussi un bon choix. Pour les enfants, en particulier, il est bon de grandir avec des arbres. On garde alors toute sa vie l'intuition de leur importance.

Lors des sécheresses estivales de ces dernières années, on a observé dans de nombreuses villes des scènes touchantes. Des citadins, inquiets pour les arbres de leur rue, se sont mis à les arroser, souvent ensemble. Des communautés de personnes attentionnées se sont formées et organisées afin de procéder à l'arrosage de manière coordonnée. C'est à la fois un signe d'espoir, et le signe, aussi, que les chênes, les platanes ou les érables jouissent d'une estime croissante et ne sont plus seulement considérés comme un décor de verdure. Dans de nombreux cas, c'est la pitié pour ces géants assoiffés qui a fait office de déclencheur. De nombreux arrosoirs ont ainsi procuré l'humidité salvatrice aux disques de terre desséchés entourant les troncs. Mais cela était-il vraiment suffisant ?

Notre Académie forestière a beaucoup été interrogée sur l'utilité de ce soutien. Pour répondre à ces questions, il faut examiner ce que la nature a à dire sur le sujet. Lorsque le

---

* Parmi les espèces locales françaises, on trouve notamment le chêne, le hêtre, le châtaignier, le bouleau, le charme ou encore le pin.

volume de précipitations ne dépasse pas 10 litres par mètre carré, une averse tombant sur un sol sec ne pénètre quasiment pas dans la terre. De fait, cela ne correspond qu'à une colonne d'eau de 1 centimètre. Dans ces conditions, il est clair que l'humidité ne peut atteindre que 1 ou 2 centimètres de profondeur. En outre, il ne s'agit pas seulement du petit disque sous lequel se trouvent les racines. En règle générale, celles-ci se déploient sur une surface qui fait le double du diamètre de la couronne. Ce diamètre, chez un arbre de rue adulte, atteignant facilement 10 mètres, celui des racines s'élève donc à 20 mètres. Ce qui fait, si mes calculs sont bons, 314 mètres carrés de racines. Ainsi, si vous voulez fournir 10 litres d'eau par mètre carré, il vous en faut plus de 3 mètres cubes. Ce serait beaucoup trop pour n'importe quel groupe de citadins. Sans compter que vous n'atteindriez même pas toutes les racines.

Les villes sont ainsi faites que de vastes surfaces se retrouvent sous les pavés et l'asphalte, elles sont ainsi protégées de l'humidité. Souvent, seul reste dégagé le maigre disque de terre entourant le tronc que les urbanistes accordent aux arbres. Dans ces conditions, vaut-il la peine d'arroser au moins cet endroit-là ? La réponse est nette : oui ! Imaginez que vous soyez dans le désert, près de mourir de soif. Vous auriez besoin de plusieurs litres d'eau, mais toutes les réserves sont épuisées. Ne serait-ce pas une bonne chose qu'une personne secourable vous offre au moins une gorgée ? Sans compter que l'arrosage crée des liens qui se transmettent à d'autres. Il en résulte davantage d'empathie dans notre société et, à long terme, le désir d'avoir plus de forêts.

Il existe un tout autre moyen de favoriser le retour des arbres et de rafraîchir le paysage : l'agroforesterie. Le nom est quelque peu technique, mais le principe est très simple : arbres et plantes cultivées peuvent croître ensemble, plus ou moins étroitement. Les avantages sont nombreux, tant pour les produits agricoles que pour la nature.

Penchons-nous d'abord sur les plantes cultivées. La plupart d'entre elles ne peuvent pas se développer à l'ombre des arbres d'un certain âge, car leurs ancêtres habitaient la steppe, où ils avaient besoin de toute la lumière du soleil. À proximité immédiate des arbres, donc, le rendement diminue. Mais à une distance un peu plus grande, il est nettement plus élevé que dans les champs et les prairies dépourvus d'arbres. Ceux-ci, en effet, offrent aux plantes cultivées une protection contre le vent. Et si la brise ne dessèche pas le sol en été, la terre arable reste plus humide. Or, comme nous en avons fait l'amère expérience au cours de ces dernières années, l'humidité est le facteur clé de la production agricole. Durant les périodes de sécheresse, même l'ombre des arbres est utile. Au cours des années 2018-2020, ce sont les seuls endroits où la prairie soit demeurée verte. Et le bétail pouvait au moins se rafraîchir un peu sous les arbres.

Autre avantage possible pour nos plantes cultivées : l'ascenseur hydraulique. Les arbres, en effet, peuvent en quelque sorte faire office de pompe à eau pour d'autres végétaux.

Les racines des céréales, pommes de terre et autres espèces sont plutôt situées dans la couche supérieure du sol. Or, c'est justement celle qui se dessèche en premier, comme vous le constaterez facilement en été. Mais alors que le dessus est déjà dur et friable, on tombe souvent dès 5 à 10 centimètres de profondeur sur une zone plus humide, qui peut se poursuivre sur plusieurs mètres en fonction de la qualité du sol. Dommage, car les racines de nos plantes des champs et de nos herbes ne vont pas jusque-là.

Pour les arbres, en revanche, cela ne pose aucun problème. Ils peuvent pomper de l'eau depuis des couches situées en profondeur afin de s'approvisionner suffisamment. Un vieux chêne ou un vieux hêtre possède tout de même un poids vif supérieur à 20 tonnes – une masse qui requiert plusieurs centaines de litres d'eau par jour en été. Aussi les racines, aidées par des champignons coopératifs, se servent-elles copieusement en eau. Le jour, celle-ci trouve preneur chez les feuilles, où elle est intégrée à des molécules de sucre avec l'aide du dioxyde de carbone et de la lumière solaire. Mais comme nous l'avons vu, une grande partie de cette eau s'échappe dans l'air par les stomates et rafraîchit tout l'écosystème.

La nuit, en revanche, la boutique ferme, l'activité s'arrête. À la surface du sol, on se repose, à une exception près : le tronc des géants gonfle légèrement du fait que les feuilles ne consomment plus rien[1]. Les tissus s'emplissent d'humidité mais, au bout d'un moment, cela suffit – après tout, un tronc en bois ne se dilate pas si facilement. Pourtant, dans nombre de cas, les racines ne cessent pas pour autant de faire monter de l'eau. Todd E. Dawson, de l'université Cornell à Ithaca, aux États-Unis, a étudié ce phénomène sur une variété locale, l'érable à sucre. Il a constaté que, la nuit, la terre située autour du tronc devenait nettement plus humide sur une distance pouvant atteindre 5 mètres.

L'arbre tire lui aussi profit de l'ascenseur hydraulique, car l'humus contient une quantité particulièrement importante de substances nutritives émanant de plantes en décomposition, mais que les végétaux ne peuvent cependant absorber qu'avec de l'eau. Et cette eau, les arbres se la procurent eux-mêmes, ce qui est bien pratique.

Des chercheuses et chercheurs ont également identifié le phénomène de l'ascenseur hydraulique dans les forêts de feuillus en Europe. Pour ce faire, ils ont étudié une jeune forêt de chênes et de hêtres. Afin de simuler une grande sécheresse, ils ont couvert les sites expérimentaux de toitures, provoquant le dessèchement des sols. Les arbustes ont été équipés de sondes sur le tronc pour qu'on puisse prélever des échantillons de l'eau envoyée par les racines. Puis, à l'aide de tubes, ils ont versé de l'eau contenant un traceur chimique à 75 centimètres de profondeur et observé la réaction des arbres. Chez les chênes, dont les racines sont profondes, l'eau marquée s'est retrouvée peu après dans le tronc. Mais pas chez les hêtres, dont le système racinaire est plus plat.

Alors que les couches du milieu demeuraient sèches, l'eau marquée a fait son apparition dans les couches supérieures du sol au bout de six jours. Elle ne pouvait donc pas y être parvenue par le phénomène de capillarité qui fait monter l'eau comme à travers une mèche, sinon la terre aurait été humidifiée tout du long.

Bien que n'ayant pu établir l'existence d'échanges d'eau entre les différentes espèces d'arbres, les chercheurs pensent que les chênes sont susceptibles d'apporter une contribution importante à la préservation des forêts en période de sécheresse. Quant à savoir si les hêtres en tirent avantage, cela reste à voir – l'équipe française n'a pu observer que quatre arbres en raison du coût de l'appareillage de mesure.

D'après elle, les arbres ne sont pas les seuls bénéficiaires de l'humidité présente dans la couche supérieure du sol, celle-ci profite aussi à la multitude d'espèces de plantes, de champignons, de bactéries et d'animaux vivant à cet endroit qui, tous, assurent la bonne santé de l'écosystème et donc aussi des hêtres[2].

Une petite remarque en passant : par nature, les forêts de hêtres ne comportent pas exclusivement, mais *majoritairement*, des hêtres. Elles comptent beaucoup d'autres essences, notamment le chêne. Même si ces deux espèces ne travaillent pas forcément en association directe, elles se renforcent peut-être mutuellement en phase de réchauffement climatique.

Revenons-en aux surfaces agricoles : elles posent un énorme problème pour les arbres. Nous avons déjà parlé de la difficulté des racines à se développer dans des sols comprimés et pauvres en oxygène, ce qui est généralement le cas des sols agricoles – qui travaille encore avec des chevaux à l'heure actuelle ? Chaque mètre carré a été parcouru des centaines de fois par de lourds tracteurs. À supposer que les sols endommagés puissent se régénérer, ce sera l'affaire de plusieurs millénaires. Seule la couche supérieure est susceptible de s'assouplir un peu sous l'effet du gel (en se dilatant, l'eau desserre la terre) et des activités de fouissage de grands et petits animaux.

Cependant, là aussi, les résultats des recherches de Todd Dawson sont encourageants. Les arbres étudiés avaient traversé la couche compressée de leurs puissantes racines et, la nuit, pompaient de l'eau dans la terre située dessous en direction de la surface, où les racines plus plates en faisaient profiter le sol assoupli[3].

Dans la nature, rien n'arrive par hasard. Le fait que les arbres ne s'interrompent pas pendant la nuit présente un certain nombre d'avantages durant les étés secs. L'eau de la couche profonde est dirigée dans la zone des nombreuses racines fines qui se développent juste au-dessous de la surface. En effet, le pompage de l'eau mobilise de l'énergie. Heureusement, au matin suivant, les arbres peuvent en quelque sorte prendre sans attendre leur petit déjeuner, c'est-à-dire entamer la photosynthèse. Pour cela, il leur faut aussi des nutriments, lesquels sont justement extraits au moyen de l'eau et aussitôt absorbés par les petites racines.

Humidifier la terre de nuit est une manœuvre intelligente de la part des arbres, c'est d'ailleurs la technique que nous appliquons dans nos jardins. Si vous en possédez un, vous savez peut-être quel est le moment le plus approprié pour arroser les plates-bandes : c'est le soir, quand le soleil s'est couché, qu'il fait plus frais et que l'eau ne s'évapore pas immédiatement. Elle peut pénétrer lentement dans le sol et, le matin suivant, elle est à l'entière disposition des plantes. Si les arbres s'arrosent eux-mêmes, pourquoi procéderaient-ils autrement ? En outre, s'y employer seulement de nuit leur permet de ménager leurs forces. S'ils devaient également procéder à cette opération de jour, quand la photosynthèse et le rafraîchissement les sollicitent au maximum, il faudrait qu'ils augmentent drastiquement leur capacité de pompage par rapport à celle de la nuit. Mais de cette façon, l'activité de pompage ronronne nuit et jour de manière plus régulière, à des fins différentes.

Recourir aux arbres dans l'agriculture est donc source de nombreux profits, d'autant que l'on récupère également un bout de nature. Les rangées d'arbres offrent refuge et nourriture aux oiseaux mais aussi à beaucoup d'autres animaux. Avec eux, les champs épuisés recouvrent quelque chose de leur âme sauvage – rien que pour cette raison déjà, cela en vaudrait la peine.

Si le bénéfice qu'on retire des arbres est si évident, s'il est manifeste que même dans la forêt la gestion classique a fait la preuve de son échec, pourquoi faut-il tant de temps pour que quelque chose change enfin ? Serait-ce parce que, entre autres raisons, nous attendons trop souvent que les derniers jusqu'au-boutistes commencent enfin à comprendre ?

Doit-on inclure tout le monde?

À L'AUTOMNE 2020, NOUS AVONS MENÉ UNE DISCUSSION ENTRE écologistes pour essayer d'imaginer un mode d'exploitation exemplaire. À une époque où les plantations se délitent, où l'on évacue frénétiquement le «bois défectueux» pour reboiser derrière, il pouvait paraître judicieux de se pencher sur des exemples alternatifs à titre d'expérimentation et de réflexion, et de fixer par écrit les méthodes de production écologiques afin de les étudier. Au cours des échanges, certains se sont demandé si l'on pouvait provisoirement tolérer l'utilisation d'abatteuses. Le simple fait que la question ait été posée m'a vraiment fichu en rogne. Car la tendance au compromis d'un certain nombre d'associations pour la protection de l'environnement à l'égard de la gestion forestière classique n'a pas empêché l'utilisation de méthodes de récolte brutales sur des décennies, bien au contraire. Ce n'est que vers 1990, alors que la protection de la forêt représentait déjà un enjeu, que des machines extrêmement lourdes ont entamé leur marche victorieuse sur les sols forestiers. Quant à la surface de déboisement, elle a affiché un recul temporaire mais, à l'heure actuelle, elle n'a jamais été si importante.

Dans ce contexte, témoigner des égards aux entreprises forestières qui veulent améliorer leur image mais sans renoncer à détruire les sols ne me paraît plus d'actualité. On a déclaré – c'est logique – qu'il ne fallait laisser personne sur le bord de la route. Or, dans le domaine forestier, cette stratégie a été un échec complet.

Faire monter tout le monde à bord, en effet, suppose de s'ajuster sur le rythme du plus lent. Or nous savons ce qu'il en coûte de vouloir se caler sur les derniers sceptiques ; il suffit d'observer les dernières décennies de politique environnementale. En dépit des innovations techniques, les émissions de dioxyde de carbone continuent d'augmenter à l'échelle mondiale, et même la pandémie de coronavirus n'a pas provoqué de changement d'orientation décisif.

Dans la forêt aussi, l'action des ONG n'a eu qu'un impact limité. Malgré un nombre incalculable de discussions, voire de confrontations violentes, le système de gestion forestière n'a pas évolué dans le bon sens. Je le répète, nous enregistrons aujourd'hui les plus importants déboisements de ces dernières décennies, alors même que tous les Länder ont formulé des directives contraires. Certes, il existe quelques étendues de forêt exploitées d'une façon exemplaire, comme dans la ville hanséatique de Lübeck. Mais ces zones ne représentent guère plus que la fameuse goutte d'eau dans l'océan – l'océan étant en l'occurrence le lieu d'une brutalité accrue de l'exploitation forestière, qui recourt à des machines énormes, voire à des substances toxiques répandues par hélicoptère au-dessus de très vastes surfaces.

Ce qui est bien plus déterminant, c'est l'absence de discussions sur les erreurs commises. L'enjeu n'est pas de formuler des accusations, mais de commencer par reconnaître l'échec des méthodes employées. Or il n'y a rien de tel – le seul coupable est le réchauffement climatique. Et comme l'échec de l'exploitation forestière à grande échelle est perceptible même pour de banals promeneurs en forêt, on crée de toutes pièces des légendes afin d'expliquer comment on en est arrivé là.

S'agissant du dépérissement des forêts de conifères, les exploitants soutiennent que la faute en revient à leurs prédécesseurs. Après la Seconde Guerre mondiale, ceux-ci auraient été contraints de livrer du bois pour la reconstruction, créant ainsi de gigantesques monocultures de pins et d'épicéas. Indépendamment du fait qu'aujourd'hui encore on continue d'aménager des plantations de résineux, cette pratique est bien plus ancienne. Dans les années 1930, l'Américain Aldo Leopold, forestier engagé dans la protection de la nature, s'est rendu en Allemagne, pays de ses ancêtres. Il a constaté à cette occasion que la forêt allemande, si renommée, était constituée principalement de plantations artificielles de conifères dans lesquelles vivait du gibier destiné à la chasse. Il a surnommé ce désastre le « *German problem* », le « problème allemand ». Or ce problème a perduré jusqu'à nos jours.

L'évolution tant vantée vers des forêts plus naturelles n'a guère eu lieu si l'on en croit le dernier inventaire fédéral des forêts de 2012. Nos essences les plus importantes, chênes et hêtres, ne constituent plus respectivement que 10 et 15 % de l'ensemble. Si la reconversion forestière tournait à plein régime depuis des décennies, elles devraient être présentes en grand nombre dans les parcelles de ces vingt dernières années. Or c'est loin d'être le cas : toujours selon l'inventaire, leurs proportions n'étaient respectivement que de 12 % et 6 %[1]. Depuis l'époque d'Aldo Leopold, l'exploitation forestière a fait au mieux du surplace.

Comment dénouer ce nœud gordien ? En le tranchant ou, comme l'a formulé Knut Sturm, directeur du service municipal des bois et forêts de Lübeck, dans une interview à la radio : « Retirez la forêt aux forestiers[2] ! » Un peu trop radical, assurément, mais nous avons de toute urgence besoin de personnel formé différemment pour protéger notre poumon vert. Le chemin est long et difficile. Quelques-uns d'entre nous devront pourtant s'y engager sous peu, nous y reviendrons dans le chapitre suivant. Pour de nombreuses forêts, cette bouffée d'oxygène arrivera trop tard car, lorsqu'on a abattu tous les vieux arbres, il faut des dizaines voire des centaines d'années pour que la forêt se régénère. Or ce temps nous ne l'avons plus, aussi devrions-nous utiliser un autre outil démocratique pour protéger les arbres : l'action en justice.

Deux associations pour la protection de la nature, la Grüne Liga du Land de Saxe et NuKLA (association pour l'art et la protection de la nature à Leipzig), ont montré l'efficacité du recours judiciaire pour venir en aide à la forêt. Elles ont assigné la ville de Leipzig en justice. Motif du procès : des abattages d'arbres dans la forêt rivulaire, une des plus grandes de son espèce encore présentes dans le centre de l'Europe. Elle se déploie sur 25 kilomètres carrés autour de petits cours d'eau, de bassins de retenue et de canaux. Là aussi, comme vous pouvez l'imaginer, des forestiers et des experts municipaux ont essayé d'aider la forêt en y faisant consciencieusement pratiquer des coupes. La forêt rivulaire de Leipzig étant une zone protégée européenne, en principe cela nécessite un examen préalable de compatibilité. C'est là-dessus, précisément, que les deux associations ont fondé leur plainte. Et, le 9 juin 2020, elles ont obtenu du tribunal administratif supérieur de Bautzen un jugement qui ouvre des perspectives : l'administration forestière était sommée d'arrêter immédiatement les abattages en cours et de soumettre dorénavant ses mesures à un examen approfondi. Celles-ci devraient se plier aux directives réglementant les zones protégées et être débattues avec les deux associations de protection de l'environnement[3].

Dans ce contexte, je reviens sur le cas des Heilige Hallen. Autour de la petite réserve qui contient les plus vieux hêtres d'Allemagne s'étendent des forêts qui bénéficient également d'un statut protégé dans le droit européen. Cette situation juridique interdit qu'on leur porte atteinte. Or l'administration forestière locale ne s'en est manifestement pas souciée. Elle a fait abattre tant de vieux hêtres que de grandes parties de la forêt ressemblent désormais à un paysage de brousse. Les conséquences sont dramatiques pour les Heilige Hallen. Avec ses 67 hectares, cette réserve est beaucoup trop petite pour pouvoir se rafraîchir et s'humidifier d'elle-même pendant les étés très chauds. Pour cela, elle a besoin de la grande ceinture forestière qui l'entoure, or cette ceinture est à présent gravement endommagée.

Le Pr Pierre Ibisch, de l'école d'Eberswalde, a examiné de près ces agissements avec l'aide d'une expertise juridique. Comme le bureau forestier ne voulait rien entendre, nous avons rendu les faits publics par l'intermédiaire de mes réseaux sociaux en décembre 2020. Deux chaînes de télévision ont réagi, la presse quotidienne a publié des articles. Du coup, Backhaus, le ministre de l'Environnement du Land de Mecklembourg-Poméranie-Occidentale, s'est remué. Soucieux de protéger sa région touristique, il nous a proposé une conférence en ligne. Résultat : l'arrêt de l'abattage sur l'ensemble du terrain forestier ainsi que la constitution d'un groupe de travail chargé de réfléchir à l'élargissement de la zone protégée.

Pour moi, c'est une belle preuve que l'individu n'est pas si impuissant qu'il le pense. Car si l'effet réseaux sociaux a fonctionné, c'est parce que les rapports avaient fait du bruit dans la communauté (ou plus exactement : avaient récolté beaucoup de *likes*). Chaque clic compte.

Lorsqu'elle a le dos au mur, l'exploitation forestière use d'un ultime argument qui, dans le doute, recourt à l'émotion et interdit tout raisonnement : le bois garantit des emplois. Cet argument, je l'entends partout où je vais. Que ce soit au Canada, en Pologne, en Suède ou en Allemagne, il justifie même les déboisements les plus brutaux. Peut-être vous souvenez-vous de ce petit jeu quand on parlait d'abandonner l'exploitation du charbon : dans les régions houillères, on avait alimenté les craintes, des protestations s'étaient élevées parce qu'on craignait de perdre les conditions de vie que l'on connaissait. Lorsque les esprits sont échauffés, il est plus difficile de faire comprendre que, si nous continuons ainsi, nous perdrons beaucoup plus que cela. Il a fallu injecter des milliards dans l'industrie du charbon pour ramener la paix sociale et fixer un délai (bien trop lointain) de cessation d'exploitation. On aurait dit une répétition générale pour d'autres branches professionnelles destructrices du climat, comme la gestion forestière.

Par nature, l'exploitation forestière est un très petit secteur économique, elle a donc moins de poids que les grands producteurs d'électricité. Pourtant, si nous considérons la contribution des forêts au climat, elle influe bien plus que toute autre activité sur la météo locale. Peu de poids, un impact très négatif : il va de soi que, politiquement, on peut rapidement tomber d'accord sur la nécessité d'y mettre fin. Dans leur détresse, les acteurs de l'administration publique des Bois et Forêts se comportent comme un crapaud menacé par des oiseaux : ils se redressent pour avoir l'air plus grands et se gonflent plus que de raison. De cette boursouflure est né le Cluster de la forêt et du bois.

Le Cluster est une construction fictive, un regroupement virtuel de l'ensemble de la filière. Comme celle-ci est trop petite, on y ajoute tout ce qu'on peut trouver. Ouvriers des Bois et Forêts, forestiers et employés des scieries – cela paraît encore assez logique. Ce qui fait au total dans les 110 000 personnes concernées, c'est-à-dire un très petit groupe rapporté à la totalité du marché du travail. Afin d'accroître son poids politique, on inclut aussi des géants tels que les fabricants de meubles, ceux de papier, ainsi que toute la branche professionnelle de l'édition. Petite remarque en passant : on ne leur demande absolument pas s'ils veulent faire partie du Cluster. Lorsque je discute avec des maisons d'édition, je m'amuse à les interroger à ce sujet. Jusqu'à présent, aucun de mes interlocuteurs et interlocutrices ne savait qu'ils appartenaient à ce regroupement artificiel.

En récupérant ces géants industriels qui ne se doutent de rien, le chiffre des professionnels concernés passe à 1,1 million, dix fois plus donc – parfait[4] ! Maintenant qu'on pèse politiquement, l'argument de l'emploi peut être invoqué contre la protection des forêts. Chaque arbre qui n'est pas abattu coûte des emplois !

Les bûcherons canadiens sont bien plus directs, ainsi que me l'a raconté David Suzuki. L'écologiste le plus connu du Canada s'était rendu dans un camp de bûcherons sur l'île de Vancouver pour les besoins d'un tournage. Trois gigantesques gaillards n'ont pas tardé à faire leur apparition et ont voulu chasser l'équipe. Mais, chose étonnante, une discussion s'est engagée et David a dit : « Les écologistes ne sont pas contre l'exploitation du bois. Nous voulons juste nous assurer que nos enfants et petits-enfants auront encore des arbres solides à abattre. » Un des bûcherons lui a coupé la parole : « Mes enfants ne seront pas bûcherons. À ce moment-là, il n'y aura plus d'arbres[5] ! »

À la question posée en titre de ce chapitre – doit-on veiller à ne laisser personne sur le bord de la route ? – je réponds non. Si l'on attend que les derniers jusqu'au-boutistes soient convaincus, le processus de réforme nécessaire s'étirera jusqu'à l'insupportable. Ceux qui s'entêtent encore ont eu des décennies pour prouver qu'ils pouvaient exploiter de manière responsable les forêts que la population leur avait confiées. Ils n'y sont pas parvenus, ainsi que le montre, hélas, trop clairement le résultat. Lorsqu'on a été si longtemps et si radicalement à côté de la plaque, on a deux possibilités : soit on reconnaît ses erreurs et on change de comportement, soit on en tire personnellement les conséquences et on laisse à d'autres le soin d'accompagner plus en douceur le processus de régénération de la forêt.

Nous n'avons pas quelques décennies supplémentaires pour vérifier si ce groupe d'acteurs parviendra finalement à opérer l'amélioration décisive. Non, la forêt a besoin d'un nouveau souffle d'air, et ce n'est possible que si l'on change tout le système actuel de l'exploitation forestière.

Or cette brise nouvelle se fait déjà sentir !

Un vent nouveau

Il est temps de changer le système de l'exploitation forestière. Quoi de mieux que de le renouveler de l'intérieur ? Les vieux routiers de mon âge ne sont plus très souples, alors pourquoi ne pas commencer à former les jeunes gens d'une manière différente ? À l'heure actuelle, on ne peut étudier en Allemagne que la gestion forestière traditionnelle – même si les universités ne le voient sûrement pas comme cela. La formation, le cursus et le « service préparatoire* », ou « stage pratique », auprès d'une administration régionale préparent avant tout à la fonction publique et non à un management global de la forêt. Les administrations forestières de l'État interviennent d'ailleurs largement dans les contenus pédagogiques, et ce par l'intermédiaire de la Conférence des responsables de l'administration forestière. Cette commission regroupe les directeurs et directrices des services forestiers de l'État fédéral et des Länder. Elle adopte régulièrement une procédure commune sur les actions à mener au plan

---

* Le « service préparatoire », en allemand *Vorbereitungsdienst*, est la deuxième phase de formation avant l'accès au fonctionnariat.

suprarégional. Dans le cas du cursus de formation, la Conférence formule une liste d'exigences à l'intention des futurs diplômés. Dans le secteur forestier, en effet, les administrations ont la main non seulement sur le marché du bois mais aussi sur celui du travail – dès lors la pression est double.

Leur influence se révèle particulièrement dans l'emploi de certains termes qui imposent un véritable cadrage conceptuel et présentent la forêt essentiellement comme une usine de matières premières.

Ainsi, par exemple, on ne parle pas de planter des résineux ou des feuillus, mais du bois de résineux ou du bois de feuillu. Vous pouvez toujours essayer : on ne peut pas planter du bois. Des planches enfoncées dans le sol ne bourgeonneront sûrement pas. Soutenir le contraire, ce serait comme si un éleveur de porcs prétendait élever des escalopes dans sa porcherie.

Par la suite, quand les arbres sont devenus d'imposants spécimens, la forêt n'est pas décrite comme un écosystème. Une des références les plus importantes, c'est le stock de bois par hectare, c'est-à-dire le volume de bois en mètres cubes disponible sous la forme d'arbres vivants. Dans ces conditions, la forêt n'est rien d'autre qu'un vaste entrepôt, dont les forestiers sont les administrateurs. Ils vérifient si les réserves de marchandises sont suffisantes, les complètent par des plantations et regardent ce qui peut être récolté. Les vieux arbres sont dits « mûrs pour la cognée », à l'instar de fraises pouvant et devant être cueillies. Mais contrairement aux fraises, ces arbres n'ont souvent même pas atteint le tiers de leur espérance de vie naturelle, ce qui en fait plutôt des fruits verts. L'âge de la récolte est déterminé par une directive administrative et varie en fonction des besoins du marché. De gros chênes et hêtres, prodiges de la nature, sont soumis à évaluation et, à partir d'un certain diamètre, livrés à « l'exploitation finale », c'est-à-dire à la mort – sans parler de la terrible association d'idées suscitée par cette expression.

Le récit officiel destiné à soulager la conscience ne fait pas seulement partie du cursus de formation, on l'entend également de la bouche d'un grand nombre de forestières et forestiers qui défendent leurs abattages dans les forêts ancestrales. Ainsi, il ne s'agirait nullement de produire du bois, ce que d'ailleurs la loi interdirait de mentionner au premier chef. Non, on ne ferait qu'aider les pauvres petits hêtres qui ne peuvent pas pousser comme il faut à l'ombre de leurs mères-arbres. Voilà pourquoi cette production de matière première entraînant des dommages collatéraux massifs s'est vu baptiser « rajeunissement de la forêt ». La promotion de la jeunesse, ça sonne mieux que la destruction d'antiques réseaux racinaires. Quant au résumé de toutes les mesures d'abattage du bois sous la désignation « entretien de la forêt », il relève presque de l'ironie. Un peu comme si un boucher se prétendait soigneur animalier.

Lorsqu'on vous inculque tout au long de vos études que la forêt est une machine à produire du bois, vous devenez insensible aux merveilles de la nature. Dans ces conditions, quelle importance si les grandes abatteuses écrasent les sols, si on extrait une quantité considérable de biomasse. Au terme de ce cursus, les connaissances en matière d'espèces menacées sont très insuffisantes, ainsi que ne cesse de le constater mon ami Sebastian Kirppu de Suède. Il montre aux collaboratrices et collaborateurs des exploitations forestières où se trouvent des espèces extrêmement rares, telles que certains lichens, par exemple. De nombreuses régions forestières ont ainsi pu acquérir le statut de zone protégée au grand dam de l'industrie du bois, si bien que Sebastian est devenu l'écologiste le plus détesté de Suède.

Autre inconvénient au moins aussi grave, le fait que les propriétaires de forêts désireux de s'informer n'aient guère de chances d'obtenir un autre son de cloche. La plupart des experts indépendants sont passés par les études et le formatage de l'administration publique, de sorte qu'ils répètent leurs discours presque mot pour mot.

J'en ai fait moi-même l'expérience en 2018, dans notre district à Wershofen. Nous avions voulu confier à l'un de ces experts la réalisation de l'inventaire des forêts prescrit par la loi. Dans les inventaires de l'État, on continue de penser en forêts d'arbres de même âge, c'est-à-dire des forêts uniformes, analogues aux plantations. Nous ne voulions pas de cela pour Wershofen, aussi le conseil municipal, sur la recommandation de l'Académie forestière Wohlleben, a-t-il choisi un expert indépendant. Or ses conclusions furent une grande déception. Lors d'une séance mémorable avec le conseil municipal, il dénonça le fait que, sous l'influence de l'Académie, la forêt de Wershofen tendait de plus en plus vers la forêt de feuillus, et ce au détriment des plantations de conifères. Il leur conseilla de planter davantage d'épicéas et de douglas afin de ne pas perdre tout lien avec les autres entreprises du secteur. Et recommanda avec une grande insistance d'abattre davantage d'arbres dans les vieilles hêtraies. Soulignons toutefois qu'on était en mai 2018, juste avant la première de trois sécheresses records durant lesquelles les peuplements d'épicéas moururent en tous lieux, ce qui sonna le glas de cette espèce dans l'exploitation forestière. Il va sans dire que le conseil municipal se garda bien de suivre ses recommandations.

UN VENT NOUVEAU

Cela fait des années que, parmi les forestières et forestiers ouverts à la nouveauté, on convient qu'il faudrait créer une filière d'enseignement pour une exploitation écologique. Nous devons faire souffler un vent nouveau afin de créer enfin une alternative sur le marché de l'emploi. À l'Académie forestière, nous avions également cette idée depuis longtemps, mais le démarrage de la start-up l'avait fait passer au second plan.

La dernière impulsion arriva un peu par hasard. À l'été 2020, je reçus la visite d'une équipe du magazine *GEO* menée par les rédacteurs en chef Jens Schröder et Markus Wolff. Ils voulaient voir nos nouveaux bâtiments, déjeuner avec nous et discuter de la situation de *Wohllebens Welt* («Le monde de Wohlleben»), la revue que nous publiions ensemble. Ils s'interrogeaient sur son avenir et les conséquences éventuelles de l'effondrement du marché des journaux et revues sur la poursuite de notre collaboration. À rebours de la tendance actuelle, le magazine se défendait vaillamment (hourra!) et nous convînmes de continuer la publication en 2021. La discussion avait lieu sur la terrasse de l'hôtel du cru, à l'extérieur comme le voulaient les mesures sanitaires contre le coronavirus, et avec vue sur l'Aremberg. Le sommet de ce volcan endormi est recouvert d'antiques forêts de feuillus et, alors qu'après le repas nous prenions le café en admirant le panorama, Jens Schröder me demanda ce dont je rêvais encore pour l'avenir.

Pour être honnête, je ne me souviens plus de ce que je lui ai répondu exactement mais, quelques semaines plus tard, il m'envoya un mail m'informant qu'il avait envie de donner corps à mon rêve de créer un cursus de formation. Sa proposition: nous nous mettrions en quête de sponsors et d'un établissement de concert avec le Pr Pierre Ibisch, après quoi nous démarrerions sans plus attendre. Je fus comme électrisé, car je comprenais soudain que j'allais enfin pouvoir réaliser mon rêve.

Ceux qui me connaissent savent que j'ai toujours été un adepte de l'action rapide et qu'il m'est déjà arrivé de concrétiser en un tournemain des idées folles, pourvu qu'elles représentent un progrès. À la fin des années 1990, j'ai organisé des stages de survie en forêt dans le but de récolter des fonds pour sauver les hêtraies ancestrales de ma commune natale. Elles étaient promises à l'abattage, mais je parvins à convaincre le maire de trouver un moyen de compenser le manque de recettes. Malgré le refus du service du tourisme et l'agacement de mon autorité de tutelle, qui tolérait tout juste mes actions, le « stage de survie dans l'Eifel » fut un succès. Un forestier qui se balade toute la journée avec ses clients en se nourrissant de racines et de larves d'insectes, rien de tel pour susciter l'intérêt des chaînes de télévision. Je n'eus pas à me plaindre des retombées publicitaires et financières que cela généra pour la commune.

Mais créer son propre cursus de formation, c'est évidemment autre chose, et cela offre aussi de tout autres opportunités. Commençons par ces dernières. La principale, c'est l'existence même d'une filière de ce type. Car si elle s'appelle « Exploitation forestière écologique », que penser des autres formations ? Elles se retrouveraient taxées de conservatisme, comme l'a été l'agriculture classique dans la conscience collective.

À ma grande surprise, nous trouvâmes rapidement de généreuses et généreux mécènes qui acceptèrent de financer un poste de coordinateur et deux chaires professorales, de sorte qu'il n'en coûterait presque rien à ceux qui accueilleraient cette formation.

Où peut-on implanter ce type de cursus ? Bien évidemment, dans un établissement tourné vers l'innovation et l'écologie. Aussi notre choix se porta-t-il sur l'École supérieure du développement durable à Eberswalde. C'est l'une des plus petites universités allemandes, mais en matière de gestion forestière elle cultive une tradition frondeuse. Aussitôt dit, aussitôt fait. Les premières discussions s'engagèrent en décembre 2020. Ce qui se passa ensuite ressemble au fameux coup de pied dans la fourmilière. L'unité de formation concernée ne voulut même pas aborder le sujet, en dépit du souhait que manifestaient le doyen et le président de l'école. Dans le même temps, toutes sortes d'informations confidentielles fuitèrent. Des déclarations acerbes, tant en interne que publiquement, portèrent rapidement notre projet à la connaissance des milieux spécialisés et au-delà. Jens Schröder s'attacha à la réalisation d'un reportage de fond, ce qui faisait partie de notre stratégie : provoquer un vaste débat de société autour de la forêt et de sa gestion.

Au fond, ces réactions de défense venimeuses de la part des professionnels trahissaient la crainte que l'opinion publique se penche de plus près sur leurs formations. Dans une déclaration commune des grandes écoles et des universités disposant de filières d'études forestières, les signataires recommandèrent de prendre ses distances à l'égard de ce projet, l'écologie constituant déjà un élément central des cursus existants. Si tel avait vraiment été le cas et que notre nouvelle offre d'enseignement avait été superflue, les formateurs traditionnels auraient pu se contenter d'observer sans crainte notre projet disparaître faute de demande. Soit dit en passant : la déclaration commune était prétendument signée par des unités de formation et des universités au grand complet, donnant l'impression que l'ensemble du secteur professionnel constituait un front uni[1]. Heureusement, ce n'était que partiellement vrai, comme nous l'ont prouvé des encouragements formulés par plusieurs de ces établissements.

Nos adversaires s'inquiétaient aussi pour l'avenir de leurs étudiants. Ces derniers avaient-ils misé sur le mauvais cheval ? Que se passerait-il s'ils se retrouvaient soudain face à des concurrentes et concurrents issus de notre formation ? La peur surestime souvent le danger présumé : s'agissant des débouchés de notre projet de filière, nous parlons de 20 à 30 emplois par an.

Bien que nous ne recherchions pas la confrontation, ces craintes ont tout de même permis d'amorcer le processus de discussion. La sylviculture classique est arrivée au terme d'un long parcours dévastateur dont les effets sont visibles pour tout un chacun. La forêt met les cursus traditionnels face à une situation indéniable : soit les études sont encore trop centrées sur les plantations, soit personne ne met en œuvre les connaissances acquises à l'université pour améliorer l'état des forêts. À l'heure actuelle, le diplôme que ces dernières délivreraient aux forestiers serait celui de l'incompétence. Il est temps de réformer les études de fond en comble afin de préparer les jeunes gens à changer radicalement de point de vue et de méthode. Heureusement, il n'est pas trop tard car, malgré les dégâts, l'écosystème forestier est demeuré souple et fort.

La forêt revient

J'AI VOLONTAIREMENT GARDÉ LA BONNE NOUVELLE POUR LA fin : la forêt fait son retour, quand nous le lui permettons.
    Cela vaut du moins pour toutes les régions où subsistent encore des peuplements forestiers, même si les arbres souffrent. De tout temps, les forêts ont dû apprendre à se régénérer, car les catastrophes les ont accompagnées au fil des siècles ou des millénaires. Selon les endroits, celles-ci étaient rares ou fréquentes (à l'aune de la durée de vie d'un arbre). Par exemple, aujourd'hui encore les forêts de feuillus de l'est de l'Amérique du Nord sont particulièrement esquintées, parce que les chaînes de montagnes y sont en général orientées du nord vers le sud. De ce fait, les tempêtes – lieu d'un déséquilibre entre l'air chaud du Sud et l'air froid du Nord qui tentent de se compenser – peuvent être particulièrement violentes. On n'y trouve pas de barrages montagneux transversaux, tels que les Alpes européennes. Pour cette raison, même les forêts de chênes, de hêtres et d'érables sont souvent abattues par des vents tourbillonnants avant d'avoir pu atteindre un siècle d'âge.
    En Europe, la situation est très différente : les feuillus des forêts primaires jouissent souvent d'une durée de vie de

500 ans et plus avant de s'effondrer. Les dégâts de grande envergure à hauteur d'hectare sont rares, mais cela arrive. Cependant la collectivité des arbres se régénère, dans la mesure où on la laisse faire.

Or, nombreux sont encore ceux qui se dressent contre cette (auto-)assistance gratuite. Le combat désespéré de certains propriétaires de plantations qui s'accrochent à leur production bien-aimée de résineux a désormais quelque chose de presque touchant. Cela fait des années que j'observe le délabrement d'une forêt d'épicéas située à proximité de mon district, qui illustre parfaitement le dilemme de la sylviculture tout en ouvrant la voie à des possibilités nouvelles.

À l'été 2018, les bostryches s'en prirent à une périphérie de la plantation. De loin déjà, on voyait les couronnes des épicéas mourants dont les aiguilles viraient du vert au brun-rouge éclatant dans leur lutte acharnée. Comme vous le savez maintenant, le plus raisonnable aurait été de laisser sur pied au moins les arbres morts – les bostryches ne pouvaient plus leur nuire. Cependant le propriétaire les fit abattre pour déblayer le terrain. L'hiver suivant, la parcelle fut balayée par une tempête d'intensité moyenne à laquelle le trou pratiqué à la lisière offrit une bonne prise. Les arbres aguerris de la bordure, sortes de brise-lames pour le vent, avaient disparu et, désormais, les houppiers oscillants des épicéas situés derrière n'étaient plus protégés sur leur flanc. De ce fait, des centaines d'arbres furent renversés par les intempéries. Au printemps, le propriétaire évacua une fois de plus les troncs. Mais le premier pas était fait et, un an plus tard, la majorité des épicéas restants succomba à une tempête hivernale tardive.

Dans l'intervalle, le marché du bois s'était effondré en Allemagne – de nombreux propriétaires de forêts avaient connu le même sort. Enfin, les bostryches s'en prirent aux maigres restes de la plantation, ce qui eut pour seul effet d'inciter l'exploitant à nettoyer sa parcelle encore plus vite. Cette dernière se retrouva intégralement déboisée ; seules les assiettes racinaires renversées témoignaient encore des intempéries passées. Quel meilleur moment pour adopter une approche différente ? Mais non, il fallut de nouveau planter des épicéas, accompagnés cette fois de douglas. Comment peut-on être si ignorant ? me demandai-je.

Au printemps 2020, des rangées rectilignes de conifères se déployaient sur le versant au milieu de tout jeunes feuillus et de nombreuses graminées. On aurait dit que la nature essayait timidement d'attirer l'attention et offrait gratuitement son aide. Pendant ce temps, l'homme préférait se battre pour la survie de ses résineux. À la fin du printemps, il débarrassa les plants d'épicéas de toute cette foisonnante végétation en désherbant soigneusement les rangées. La réponse de la nature ne se fit pas attendre. Un grand nombre de jeunes conifères succombèrent à une gelée tardive à la mi-mai. Les herbes auraient pu atténuer le froid, mais elles n'étaient plus là. Puis le temps devint plus chaud et plus sec. Cette fois, les plants furent en manque d'ombre. Beaucoup moururent dès l'année où ils avaient été mis en terre. Ce qui ne fut pas le cas des dons de la nature, peupliers, bouleaux, saules ou hêtres.

Le drame n'est pas terminé, mais il y a tout de même de l'espoir, car la nature a tout son temps. Même si le propriétaire réitère ses plantations de conifères sans vouloir accepter l'échec inéluctable de ce type d'exploitation, la nature continuera de lui offrir son aide. Chaque année, de nouveaux feuillus sortent de terre et poussent sans souci en dépit du changement climatique et des sécheresses estivales, preuve qu'il existe une solution meilleure et gratuite. Alors que la parcelle déboisée devrait me mettre de mauvaise humeur, je ne peux m'empêcher de sourire chaque fois que je passe devant.

La démarche de cet homme n'a rien d'étonnant si l'on songe que la plupart des propriétaires de forêts s'inspirent des recommandations issues de la filière bois classique. Même le président du comité scientifique pour la politique forestière auprès du ministère fédéral de l'Agriculture, le Pr Jürgen Bauhus, ne croyait manifestement pas, en 2020, que la nature était capable de reconstruire elle-même la forêt après des centaines de millions d'années. Lors d'une interview pour le *Stuttgarter Zeitung*, il prononça une phrase qui résume toute la problématique et illustre l'arrogance de la sylviculture conservatrice : « Il [le comité scientifique] réalise ses expertises en se fondant sur des connaissances scientifiquement attestées et ne peut se permettre de conseiller les responsables politiques sur la foi de discours non étayés, concernant par exemple les forces d'autoguérison de la nature[1]. » Il faut savourer ce propos. Les membres du comité le plus important en la matière expliquent aux politiques que la nature n'est plus en état de fournir, pour le dire familièrement. Si c'était vrai, comment la gigantesque taïga de Sibérie ou la forêt tropicale amazonienne auraient-elles subsisté ? L'exploitation forestière a définitivement perdu les pédales. Au vu des défis qui nous attendent, un peu plus d'humilité serait bienvenue.

Vous-mêmes pouvez observer dans votre jardin ou en ville la force du retour de la forêt. Examinez les parterres de fleurs, vous constaterez qu'il y apparaît sans arrêt de nouvelles pousses d'arbre. Si vous n'entreteniez pas votre jardin, en l'espace de dix ans il deviendrait une jeune forêt. Les bouleaux qui se maintiennent dans les gouttières ou sur les murs en dépit de la sécheresse estivale manifestent eux aussi leur volonté de survie.

J'ai eu un déclic alors que j'attendais un groupe lors d'un événement organisé par l'Académie forestière. Nous devions nous retrouver devant la cabane de barbecue située sur l'espace de loisirs de Wershofen. À côté du parking s'étend un terrain de tennis manifestement abandonné qu'on semble avoir cessé d'entretenir durant les années de sécheresse 2018-2020. Un régiment d'arbustes en a effrontément profité. Ils se sont installés par centaines sur le sol sableux, sec et comprimé. L'ardeur du soleil ne les a pas empêchés d'y enfoncer leurs racines et ils ont traversé sans dommage ces trois années qui ont battu les records de températures estivales. Si la forêt parvient à renaître dans des conditions aussi défavorables, je ne me fais pas trop de souci pour l'avenir. Certes, nous devons réduire notre consommation de ressources naturelles, cesser enfin d'émettre une quantité astronomique de gaz à effet de serre. Par ailleurs, il est impératif de redonner plus d'espace à la nature afin de mettre un terme à la disparition des espèces. Quant à la question de savoir si la nature, notamment la forêt, peut se régénérer, les vaillants petits arbres du terrain de tennis y apportent une réponse sans équivoque.

Ces enfants-arbres offrent des avantages appréciables : ils sont parfaitement adaptés au climat local et présentent une grande diversité génétique. Les produits de pépinière viennent de quelques stocks de semences agréés, autrement dit ce sont de petites forêts dans lesquelles les arbres sont conformes aux souhaits de l'industrie forestière. Des spécimens droits et minces avec peu de grosses branches afin que le tronc puisse être facilement débité en planches et en poutres. On privilégie donc les qualités visuelles et techniques. Quels sont les liens sociaux qui existent entre ces arbres ? Quelles sont leurs capacités d'apprentissage ? Cela ne joue aucun rôle dans les choix opérés, ce qui m'évoque un peu les tests d'intelligence où l'on s'intéresse à la pensée logique, non aux compétences sociales.

Les petits arbres sauvages ne possèdent peut-être pas les qualités de croissance optimales aux yeux de l'industrie forestière, en revanche ils sont parfaitement armés pour survivre. Sachant que d'ici quelque temps il s'agira moins de savoir combien de bois nous pourrons produire que de se demander s'il y aura encore des forêts, ils représentent le meilleur choix.

Une question revient souvent lors des visites guidées que j'organise en forêt : cette repousse sauvage peut-elle redonner naissance à une forêt primaire ? Ou est-ce impossible ? Nous l'avons vu plus haut : au cours de son activité d'exploitation, l'homme a irrémédiablement comprimé de nombreux sols avec ses abatteuses et, de ce simple fait, créé une situation qui empêche les arbres de développer leurs racines comme autrefois. Qui plus est, de multiples espèces (notamment les toutes petites comme les bactéries) ont certainement disparu, et ce de façon irrémédiable. Enfin, ce qui manque, ce sont les arbres vraiment vieux, les gros troncs morts. En bref : ne sommes-nous pas en train de courir après une chimère ?

Je ne le pense pas. Je crois plutôt que nous devons changer notre manière de voir. Même dans de bonnes conditions, une forêt primaire a besoin de voir s'épanouir au moins une génération d'arbres sans que l'homme vienne la déranger avec ses tronçonneuses. Ce qui représente, en fonction des essences concernées, de nombreux siècles. Mauvaise nouvelle pour les êtres impatients que nous sommes. Sans compter qu'on ignore si ce type de forêt peut effectivement reparaître – voilà qui peut freiner des forces désireuses de s'investir dans l'avenir. Mais faut-il tout de suite viser la forêt primaire ? Si l'on allait plutôt vers la région sauvage ? Le dictionnaire Duden définit celle-ci comme « une contrée non habitée et impraticable ». Ajoutons « non manipulée » et nous obtenons la nature ! La nature est le contraire de l'espace aménagé, c'est-à-dire de tout ce que nous avons transformé, parfois avec effort, au fil des siècles. Dès que nous nous retirons, il se passe partout le phénomène que j'ai décrit à propos du terrain de tennis de Wershofen : la forêt récupère son territoire. Plus nous laissons ces endroits tranquilles, plus ils redeviennent sauvages.

D'ailleurs, le concept de région sauvage me plaît davantage que le terme « nature », par sa dimension émotionnelle plus marquée – il sent tout de suite la liberté et l'aventure. Et il est plus honnête que le jargon des autorités : d'après l'Agence fédérale pour la protection de l'environnement (BfN), il y aurait 8 833 réserves naturelles, représentant 6,3 % de l'ensemble du territoire. Une autre catégorie, les sites Natura 2000 (un réseau européen de réserves), occupe même une surface supérieure en Allemagne : ce sont 15 % qui seraient ici au service de la nature[2]. Or nous avons vu avec l'exemple de la vieille hêtraie Heilige Hallen, menacée par les coupes alentour, que c'était faux. Et l'on pourrait en dire autant de beaucoup de réserves naturelles, voire de parcs nationaux. Dans ce contexte, le concept de « nature » est si dilué et employé de manière si abusive que le site concerné n'offre plus que sur le papier la promesse initiale : que l'homme n'y intervienne plus du tout.

Les régions sauvages, en revanche, tout le monde en convient, devraient réellement être laissées en paix. La surface que nous octroyons réellement à nos congénères sauvages constitue donc un bon indicateur. En 2020, l'Allemagne y consacrait 0,6 % de l'ensemble du territoire. Ainsi, seul 0,6 % offre ce dont se vantent d'autres catégories, à savoir une réelle protection. L'objectif politique était d'arriver à 2 % en 2020[3], ce qui montre paradoxalement que, jusqu'à présent, ce sont nos intérêts qui ont prévalu dans toutes les autres catégories, souvent sans grandes restrictions. En réalité, on déboise jusque dans les parcs nationaux, et ce à nettement plus grande échelle que dans les parcelles exploitées. Le bois est vendu à des scieries des environs, si bien qu'au regard de la précieuse biomasse les réserves naturelles sont véritablement saignées à blanc.

Aussi gardez le concept de région sauvage présent à l'esprit – le reste n'est que trop souvent de la poudre aux yeux.

Le projet de protection de l'Académie forestière est fondé sur une réorientation de ce type. À l'origine, l'équipe s'est constituée pour retirer de la circulation ce qu'il restait de vieilles hêtraies encore à peu près intactes grâce à un système de fermage. L'objectif : rétablir au plus vite des forêts primaires.

Les propriétaires, en général des communes, reçoivent une compensation financière en échange de l'arrêt des abattages dans les zones protégées. Ces revenus généreux se rapprochent de ceux générés par l'exploitation forestière sans qu'il soit besoin d'abattre un seul arbre. Le montant à l'hectare est plus élevé que le prix d'achat des troncs qui auraient été coupés lors d'un déboisement. Une fois l'argent reçu, fin des rentrées pour plusieurs décennies tant dans le cas du fermage que dans celui du déboisement. À cela près que l'option fermage permet de préserver la forêt, les propriétaires reçoivent l'argent sans attendre et, dans le même temps, un avantage en matière de taux d'intérêt, tout cela indépendamment du marché du bois. Depuis, nous avons élargi l'objectif à toutes les forêts : après tout, une zone sauvage peut aussi se développer dans une plantation d'épicéas morts si nous autorisons la nature à y reconstituer une véritable forêt. À la condition expresse que ces épicéas demeurent sur place. Leur bois rafraîchit les jeunes arbres et les troncs pâles continuent de dispenser un peu d'ombre. Qui plus est, les plantations d'épicéas qu'on abandonne à elles-mêmes, mais aussi les forêts de feuillus plus jeunes, forment un tampon climatique autour des zones de hêtres ancestraux.

Une question revient souvent, celle du retour des microorganismes qui apportent une contribution si essentielle au fonctionnement de l'écosystème forestier. Pour des habitants du sol tels que les oribates et les collemboles, nous avons pour ainsi dire la réponse, grâce aux plantations de pins et d'épicéas. Comme elles ne sont pas chez elles sur la plus grande partie des territoires européens, il n'y avait pas d'espèces spécialisées dans ces arbres. Des recherches effectuées dans mon district ont montré, même dans ces plantations, l'apparition de minuscules créatures qui semblent apprécier les aiguilles acides. Le regroupement d'espèces que l'on y rencontre se différencie nettement de ceux présents dans les antiques forêts de hêtres protégées.

Mais comment ces chenapans sont-ils arrivés dans l'espace qui leur convient? Probablement par l'intermédiaire des animaux. Les sangliers se vautrent dans la boue afin de se débarrasser des parasites. Ce faisant, ils recueillent des passagers clandestins, qu'ils redéposeront ailleurs à l'occasion d'un autre bain de boue. Beaucoup d'oribates et de collemboles ne survivent probablement pas à ce processus, mais il existe un mode de transport moins brutal: les oiseaux. Les volatiles aiment les bains de poussière, qui les débarrassent des hôtes indésirables. Ils s'installent sur le sol et se gonflent. Puis, de leurs ailes, ils envoient de la poussière et de l'humus entre leurs plumes. Un processus qui peut durer de longues minutes. Après quoi ils se secouent énergiquement et mettent le cap sur une autre forêt. Là aussi, ils emportent quelques voyageurs qui seront déchargés lors du bain de poussière suivant.

Il y a également de plus petits voyageurs : les bactéries et les champignons. Sans eux, les arbres ne sont pas complets – rappelez-vous les holobiontes, ces écosystèmes formés par les arbres (et par nous aussi) avec des milliers de microorganismes. En dehors des animaux, ils disposent d'un autre moyen de transport, bien plus efficace : le vent. Celui-ci emporte les minuscules spores de champignons présentes sur le sol pour les répandre partout. Une équipe dirigée par Bala Chaudhary, professeure en études environnementales, a ainsi identifié en l'espace d'un an 47 000 spores de champignons sur les toits du bâtiment à cinq étages de son université à Chicago. Ces spores provenaient d'espèces collaborant avec les racines des végétaux, or en temps normal ces espèces, à l'inverse des champignons qui poussent à la surface du sol, ne peuvent répandre leurs spores aussi facilement. Une grande partie des variétés repérées venaient de champs où le labourage avait libéré de la poussière et donc des spores[4].

Dans les forêts, on ne laboure évidemment pas, bien au contraire : grâce à leurs racines, les arbres s'assurent que le sol reste en place et ne soit pas emporté par le vent. Mais les champignons ont pris leurs précautions et, comme leurs collègues des prairies et des pâturages, ils forment des corps fructifères d'où s'échappent d'innombrables spores qui s'envolent dans le vent. Si vous voulez les voir, vous pouvez par exemple placer un chapeau de champignon sur du papier blanc et le laisser reposer toute une nuit. Le matin suivant, lorsque vous soulevez le chapeau, vous constaterez que la zone des lames ou des tubes s'est teintée de brun sous l'effet de la poussière qui s'est écoulée durant la nuit.

D'ailleurs, cette poussière de champignons, vous la respirez en permanence, même maintenant, pendant que vous lisez ce livre. Un mètre cube d'air contient en moyenne entre 1 000 et 10 000 spores – chaque aspiration en fait pénétrer jusqu'à 10 dans vos poumons[5].

Revenons à notre sujet ; pour que les spores d'espèces poussant dans les forêts primaires puissent voyager ainsi, il leur faut avant tout... des forêts primaires. Voilà pourquoi il est si important de préserver les dernières forêts naturelles d'Europe. Là où il n'y en a plus, ce sont leurs vestiges les plus proches, comme les Heilige Hallen, que nous devons protéger avec détermination. À partir de ces îlots de nature sauvage, les champignons, les bactéries et tous les petits animaux du sol peuvent emprunter la poste aérienne pour se rendre dans les jeunes et nouvelles forêts. Là, ils aident les arbres à reconstituer leur écosystème spécifique.

Le retour de la forêt peut être passionnant et nous redonner une fois de plus la preuve que la nature ne cesse de changer ! Plus nous avons tiré le pendule loin de sa position idéale, plus il revient en force lorsque nous le lâchons, c'est-à-dire quand nous autorisons la nature à agir à sa guise. Et là où il y a beaucoup de mouvement, les changements sont particulièrement visibles. Un champ qui retrouve des arbres en l'espace de quelques années, une jeune forêt dont les peupliers et les bouleaux prennent un mètre de hauteur tous les un ou deux ans, voilà ce que vous pouvez observer lors de vos promenades. À l'heure actuelle, c'est l'effondrement des plantations artificielles qui saute aux yeux. Si nous les laissons tranquilles, le désert se transformera de nouveau en une région sauvage – et c'est là précisément que les plus grands changements se produiront d'année en année. Dans un premier temps, les pins et les épicéas perdent leurs aiguilles et la parcelle prend des allures de désert brun. Au plus tard un an après, le sol est déjà couvert de verdure et de milliers de minuscules plants d'arbres. Au bout d'un an supplémentaire, un certain nombre de petits feuillus dépassent les autres végétaux et commencent à ombrager le sol. Cinq à dix ans plus tard, la jeune forêt a investi la totalité de la parcelle. Herbes et buissons disparaissent peu à peu, parce qu'il fait désormais trop sombre pour eux. Des chênes, des hêtres ou des érables s'introduisent en contrebande parmi les bouleaux et les peupliers afin de rattraper les premiers arrivés, puis les dépasser et, en quelques décennies, prendre la main.

Si vous voulez suivre ce processus dans les forêts situées aux environs de chez vous, je vous conseille de prendre régulièrement des photos depuis le même endroit – par exemple, un embranchement ou un point de vue particulier encore reconnaissables au bout de quelques années. Les arbres sont lents, mais la série de photos rendra visible l'évolution de la nature.

Dans quel but faire tout cela ? Pour nous motiver ! Constater par nous-mêmes la façon dont les choses s'améliorent nous donnera du courage pour l'avenir. Et je n'essaie pas d'alimenter ici un optimisme de circonstance : nous avons toutes les raisons d'espérer que la forêt viendra à bout des défis que nous lui avons imposés. La seule chose qui importe, c'est de comprendre enfin que ce sont les arbres eux-mêmes qui savent le mieux comment reconstruire leur écosystème d'origine.

LA FORÊT REVIENT

Dernièrement, les scientifiques ont proclamé une nouvelle ère géologique : l'anthropocène*. Nous devrions mettre un terme à cette ère. Je ne veux pas dire que l'humanité, ou même notre civilisation, devrait sortir de scène. Mais nous devrions nous réinsérer dans le cycle de la nature et accorder à toutes les créatures avec lesquelles nous vivons suffisamment de liberté pour qu'elles aussi envisagent l'avenir avec confiance. Le retour de la forêt à grande échelle, comme au temps où elle recouvrait la plupart des continents, serait un signe encourageant. J'ai esquissé un exemple concret de cet objectif en proposant la réduction de notre consommation de viande. J'aimerais que soit proclamée dans un avenir proche l'ère des arbres.

En guise de conclusion, je reprendrai le titre de ce dernier chapitre en le complétant, comme dans le film *La Vie secrète des arbres*. Car dans son intégralité, cette citation nous fait clairement comprendre l'urgence d'un changement de cap : « La forêt revient. Ce serait bien si nous étions encore là pour en profiter ! »

---

* Époque marquée par l'avènement de l'homme comme principale force de changement sur la Terre.

Remerciements

J'AI DÉJÀ ÉCRIT DE NOMBREUX LIVRES ET EN AI DÉDIÉ AUTANT à ma famille. J'ai aussi abondamment remercié les collaboratrices et collaborateurs de ma maison d'édition. Dans cet ouvrage, j'aimerais pour une fois faire sortir Lars Schultze-Kossack de l'ombre de son bureau, où il travaille modestement mais avec une efficacité incroyable à l'établissement de mes contrats de publication. Lars, sa femme Nadja et toute l'équipe de l'agence négocient les conditions, traitent les demandes, luttent contre les infractions au droit d'auteur et ont même contribué à mettre un film sur pied. La négociation, ce n'est pas mon truc – si je m'écoutais, je donnerais tout à tout le monde. Heureusement, Lars est là pour me montrer la nécessité de poser des limites, mais surtout c'est quelqu'un qui ouvre des portes. Sans lui, je ne serais pas arrivé chez les éditions Ludwig, où je me sens si bien.

Mes remerciements vont également aux collaboratrices et collaborateurs de l'Académie forestière. Ils accueillent les lectrices et lecteurs enthousiastes qui ont encore des questions ou font simplement un saut pour voir où se trouvent tous ces arbres qui m'ont inspiré. Comme l'équipe effectue tout le travail, je peux me concentrer sur la partie des manifestations où j'assure le rôle de formateur. C'est grâce à cela que j'ai le plaisir de me promener avec des gens dans les forêts de l'Eifel et de faire ce qui est toute ma vie : parler de la vie des arbres.

Notes

LA SAGESSE DES ARBRES

Quand les arbres se trompent

1. https://www.sueddeutsche.de/wissen/kastanien-schaedlinge-bluete-umwelt-1.5052988
2. Voir par exemple : https://www.infranken.de/ratgeber/garten/garten-jahreszeiten/kurios-im-herbst-bluehende-baeume-schmuecken-die-natur-in-franken-art-3666516
3. https://www.swr.de/wissen/haben-pflanzen-gefuehle-100.html
4. https://www.bloomling.de/info/ratgeber/haben-pflanzen-ein-gehirn
5. F. Hagedorn *et al.*, « Recovery of trees from drought depends on below-ground sink control », *Nature Plants*, 2016, doi:10.1038/nplants.2016.111
6. E. F. Solly *et al.*, « Unravelling the age of fine roots of temperate and boreal forests », https://www.nature.com/articles/s41467-018-05460-6

Mille ans d'apprentissage

1. https://www.ncbi.nlm.nih.gov/pmc/articles/PMC6015860/
2. « Man kann die Erbse trainieren, fast wie einen Hund », interview dans *GEO*, 9, 2019, https://m.geo.de/natur/naturwunder-

erde/21836-rtkl-kluge-pflanzen-man-kann-die-erbse-trainieren-fast-wie-einen-hund?utm_source=Facebook&utm_medium=Post&utm_campaign=geo_fanpage

3. https://www.mecklenburgische-seenplatte.de/reiseziele/nationales-naturmonument-ivenacker-eichen

4. K. Weltecke *et al.*, « Rätsel um die älteste Ivenacker Eiche », *AFZ*, 24, 2020, p. 12-17.

5. A. Roloff, « Vitalität der Ivenacker Eichen und baumbiologische Überraschungen », *AFZ*, 24, 2020, p. 18-21.

La sagesse est dans la graine

1. https://www.br.de/wissen/epigenetik-erbgut-vererbung100.html

2. « Epigenetik in Bäumen hilft bei Altersdatierung », communiqué de presse de l'université technique de Munich, 18 novembre 2020.

3. A. Bose *et al.*, « Memory of environmental conditions across generations affects the acclimation potential of Scots pine », *Plant, Cell & Environment*, 43/5, 28 janvier 2020, doi:10.1111/pce.13729

4. E. Hussendörfer, « Baumartenwahl im Klimawandel : Warum (nicht) in die Ferne schweifen ?! », dans H. D. Knapp, S. Klaus, L. Fähser (dir.), *Der Holzweg*, Munich, oekom Verlag, 2021, p. 222.

Faire le plein en hiver

1. S. T. Allen *et al.*, « Seasonal origins of soil water used by trees », *Hydrology and Earth System Sciences*, 23, p. 1199-1210, 1er mars 2019, doi:10.5194/hess-23-1199-2019

2. https://www.kiwuh.de/service/wissenswertes/wissenswertes/wald-boden-wasserfilter-wasserspeicher

3. « Veränderung der jahreszeitlichen Entwicklungsphasen bei Pflanzen », Umweltbundesamt, https://www.umweltbundesamt.de/daten/klima/veraenderung-der-jahreszeitlichen#pflanzen-als-indikatoren-fur-klimaveranderungen

4. L. Zimmermann *et al.*, « Wasserverbrauch von Wäldern », *LWF aktuell*, 66, 2008, p. 16.

5. R. C. Ward, M. Robinson, *Principles of Hydrology*, 3e éd., Maidenhead, McGraw-Hill, 1989.

6. Communiqué de presse de l'Office régional bavarois pour la forêt et l'exploitation forestière, https://www.lwf.bayern.de/service/presse/089262/index.php?layer=rss

7. M. Flade, S. Winter, «Wirkungen von Baumartenwahl und Bestockungstyp auf den Landschaftswasserhaushalt», dans *Der Holzweg*, Munich, oekom Verlag, 2021, p. 240.

Des feuilles rouges contre les pucerons

1. https://www.ncbi.nlm.nih.gov/pmc/articles/PMC125091/

2. W. D. Hamilton, S. P. Brown, «Autumn tree colours as a handicap signal», *Proceedings of the Royal Society B*, 268, p. 1489-1493, doi:10.1098/rspb.2001.1672

3. T. Döring, «How aphids find their host plants, and how they don't», *Annals of Applied Biology*, 16 juin 2014, doi:10.1111/aab.12142

4. M. Archetti, «Evidence from the domestication of apple for the maintenance of autumn colours by coevolution», *Proceedings of the Royal Society B*, 276, p. 2575-2580, doi:10.1098/rspb.2009.0355

5. D. Zani *et al.*, «Increased growing-season productivity drives earlier autumn leaf senescence in temperate trees», *Science*, 370/6520, 27 novembre 2020, p. 1066-1071.

Lève-tôt et lève-tard

1. «Winter in Deutschland werden immer wärmer», Deutschlandfunk, 21 décembre 2020, https://www.deutschlandfunk.de/klimawandel-winter-in-deutschland-werden-immer-waermer.676.de.html?dram:article_id=489700

2. «Bäume spüren den Frühling», *SVZ*, 25 mars 2019, https://www.svz.de/ratgeber/eltern-kind/baeume-spueren-den-fruehling-id23115812.html

3. «War der letzte Winter zu warm für unsere Waldbäume?», communiqué de presse de l'Institut fédéral de recherches sur la forêt, la neige et le paysage du 19 mars 2020.

Forêt : l'effet climatiseur

1. « Gericht stoppt vorläufig Rodung im Hambacher Forst », *Spiegel en ligne*, 5 avril 2018, https://www.spiegel.de/wirtschaft/soziales/hambacher-forst-gericht-verfuegt-einstweiligen-rodung-stopp-a-1231705.html
2. P. Ibisch *et al.*, « Hambacher Forst in der Krise : Studie zur mikro- und mesoklimatischen Situation sowie Randeffekten », Eberswalde/Potsdam, 14 août 2019.
3. https://www.greenpeace.de/themen/klimawandel/folgen-des-klimawandels/hitze-sichtbar-gemacht

Quand il pleut en Chine

1. L. Zimmermann *et al.*, « Wasserverbrauch von Wäldern », *LWF aktuell*, 66, 2008, p. 19.
2. A. Makarieva, V. Gorshkov, « Biotic pump of atmospheric moisture as driver of the hydrological cycle on land », *Hydrology and Earth System Sciences*, 11, 2007, doi:10.5194/hessd-3-2621-2006
3. « Unterscheiden sich Laubbäume in ihrer Anpassung an Trockenheit ? Wie viel Wasser brauchen Laubbäume ? », Max-Planck-Institut für Dynamik und Selbstorganisation, https://www.ds.mpg.de/139253/05
4. D. Sheil, « Forests, atmospheric water and an uncertain future : the new biology of the global water cycle », *Forest Ecosystems*, 5/19, 2018, doi:10.1186/s40663-018-0138-y
5. R. J. Van der Ent, H. H. G. Savenije, B. Schaefli, S. C. Steele-Dunne, « Origin and fate of atmospheric moisture over continents », *Water Resources Research*, 46, 2010, W09525, doi:10.1029/2010WR009127
6. B. Dörries, « Kampf ums Wasser », *Süddeutsche Zeitung*, https://www.sueddeutsche.de/politik/aegypten-aethiopien-nil-damm-1.4950300
7. F. Holl, *Alexander von Humboldt. Mein vielbewegtes Leben. Der Forscher über sich und seine Werke*, Francfort, Eichborn Verlag, 2009, p. 118.

NOTES

Égards et distances

1. *Arabidopsis thaliana*, https://www.spektrum.de/lexikon/biologie-kompakt/arabidopsis-thaliana/815
2. M. Crepy, J. Casal, «Photoreceptor-mediated kin recognition in plants», *New Phytologist*, 205, 2015, p. 329-338, doi:10.1111/nph.13040
3. K. Wu, «Eine Astlänge Abstand: Social Distancing unter Bäumen», *National Geographic*, 8 juillet 2020, https://www.nationalgeographic.de/wissenschaft/2020/07/eine-astlaenge-abstand-social-distancing-unter-baeumen
4. R. Bilas *et al.*, «Friends, neighbours and enemies: an overview of the communal and social biology of plants», https://onlinelibrary.wiley.com/doi/pdf/10.1111/pce.13965?casa_token=z8gB0Z9Cny8AAAAA:fSwX9nnNww9tJcASawxW0kdRht_J1vED1Zc5ZrGnH-ifRegZXgdDz9Cm91qclyNBS28rg5B6GF-Dfs8

Plaidoyer pour les bactéries

1. K. Ramirez *et al.*, «Biogeographic patterns in below-ground diversity in New York City's Central Park are similar to those observed globally», *Proceedings of the Royal Society B*, 281, 22 novembre 2014, doi:10.1098/rspb.2014.1988
2. Trad. de l'anglais, P. L. Ibisch, J. S. Blumröder, «Waldkrise als Wissenskrise als Risiko», *Universitas*, 888, 2020, p. 20-42, d'après R. J. Rodriguez *et al.*, «Fungal endophytes: diversity and functional roles», *Newphytologist*, 182/2, 2009, p. 314-330.
3. M. Hubert, «Der Mensch als Metaorganismus», Deutschlandfunk, 30 décembre 2018, https://www.deutschlandfunk.de/meine-bakterien-und-ich-der-mensch-als-metaorganismus.740.de.html?dram:article_id=436989
4. «Entstanden Nervenzellen, um mit Mikroben zu sprechen?», communication de l'université Christian-Albrecht de Kiel, 10 juillet 2020, https://www.uni-kiel.de/de/universitaet/detailansicht/news/168-klimovich-pnas
5. https://www.bfn.de/themen/artenschutz/regelungen/vogelschutzrichtlinie.html

6. N. Fierer *et al.*, « The influence of sex, handedness, and washing on the diversity of hand surface bacteria », *PNAS*, 105/46, 18 novembre 2008, p. 17994-17999, doi:10.1073/pnas.0807920105

7. P. L. Ibisch, J. S. Blumröder, « Waldkrise als Wissenskrise als Risiko », art. cité.

8. H. Cypiomka, « Von der Einfalt der Wissenschaft und der Vielfalt der Mikroben », http://www.pmbio.icbm.de/download/einfalt.pdf

9. « Wir sind von Milliarden Phagen besiedelt », *Scinexx*, doi:10.1128/mBio.01874-17

10. G. Werner *et al.*, « A single evolutionary innovation drives the deep evolution of symbiotic N2 fixation in angiosperms », *Nature communications*, 10 juin 2014, doi:10.1038/ncomms5087

11. J. Raaijmakers, M. Mazzola, « Soil immune responses », *Science*, 17 juin 2016, doi:10.1126/science.aaf3252

12. https://www.bpb.de/nachschlagen/zahlen-und-fakten/globalisierung/52727/waldbestaende

LES DÉGÂTS DE L'EXPLOITATION FORESTIÈRE

Carnage dans la hêtraie

1. « Erste Baumsprengung in Thüringen stellt Experten vor Probleme », *Thüringer Allgemeine*, 8 septembre 2019.

2. Cour fédérale de justice, jugement du 2 octobre 2012 – VI ZR 311/11.

3. « Deutliches Ergebnis: Nadelholz ist nicht ersetzbar », *Holz-Zentralblatt*, 18, 30 avril 2015, p. 391.

L'Allemagne cherche le super-arbre

1. Voir par exemple https://www.maz-online.de/Brandenburg/Wegen-des-Klimawandels-Pakt-fuer-den-Wald-schliessen

2. K. von Koerber *et al.*, *Globale Ernährungsgewohnheiten und -trends*, Munich/Berlin, 2008, expertise externe pour WBGU-Hauptgutachten « Welt im Wandel: Zukunftsfähige Bioenergie und nachhaltige Landnutzung ».

NOTES

3. J. Rock, A. Bolte, « Welche Baumarten sind für den Aufbau klimastabiler Wälder auf welchen Böden geeignet ? Eine Handreichung », https://www.wbvsachsen-anhalt.de/index.php/component/jdownloads/send/14-dokumenteoeffentlich/115-ig-waldbodenschutz-st-rock?option=com_jdownloads

4. A. Vogel, « Rheinbacher Wald in katastrophalem Zustand », https://ga.de/region/voreifel-und-vorgebirge/rheinbach/rheinbacher-wald-in-katastrophalem-zustand_aid-43889517

5. « Blattfraß am Baumhasel durch die Breitfüßige Birkenblattwespe », *AFZ-Der Wald*, 21 octobre 2020, https://www.forstpraxis.de/blattfrass-an-baumhasel-durch-die-breitfuessige-birkenblattwespe/

6. « Können Bäume eine schwere Grippe bekommen ? », communiqué de presse de l'université Humboldt de Berlin du 6 août 2020, https://idw-online.de/de/news752279

Méfions-nous des bonnes intentions

1. « Bauhaus pflanzt eine Million Bäume », https://richtiggut-bauhaus.info/1-million-baeume/initiative

2. https://richtiggut.bauhaus.info/1-million-baeume/initiative/faq

3. https://www.sdw.de/ueber-die-sdw/unser-leitbild/

4. https://www.sdw.de/cms/upload/pdf/PflanzKodex_Bewerbungsbogen.pdf

5. https://growney.de/blog/langfristig-sind-reale-renditen-entscheidend

6. Volume de bois au bout de cent ans, 800 mètres cubes, dont tout au plus 400 peuvent être débités en scierie, lesquels rapportent, une fois déduits les coûts de récolte et de gestion, en moyenne 30 euros par mètre cube, ce qui fait 12 000 euros au total.

Le chevreuil : un coupable idéal ?

1. Dr F. Tottewitz *et al.*, « Streckenstatistik in Deutschland – ein wichtiges Instrument im Wildtiermanagement », https://we.archive.org/web/20191103113631/https://www.jagdverband.de/sites/default/files/1-WILD_PosterGWJF_2016_Jagdstrecke.pdf

Le loup, protecteur du climat

1. Service fédéral de documentation et d'information sur le loup, https://dbb-wolf.de/Wolfsvorkommen/territorien/zusammenfassung
2. https://www.nabu.de/tiere-und-pflanzen/saeugetiere/wolf/wissen/15572.html
3. Service fédéral de documentation et d'information sur le loup, https://www.dbb-wolf.de/mehr/faq/was-ist-ein-territorium-und-wie-gross-ist-es
4. F. Knauer et al., « Der Wolf kehrt zurück – Bedeutung für die Jagd ? », *Weidwerk*, 9, 2016, p. 18-21.
5. S. Hoeks et al., « Mechanistic insights into the role of large carnivores for ecosystem structure and functioning », *Ecography*, 43, p. 1752-1763, 29 juillet 2020, doi:10.1111/ecog.05191

Le bois est-il vraiment écolo ?

1. Un exemple parmi beaucoup d'autres : https://www.wald.rlp.de/de/forstamt-trier/angebote/brennholz/10-gruende-mit-holz-zu-heizen/
2. H. Pretzsch, « The course of tree growth. Theory and reality », *Forest Ecology and Management*, 478, 2020, 118508, doi:10.1016/j.foreco.2020.118508
3. « Der Wald in Deutschland, ausgewählte Ergebnisse der dritten Bundeswaldinventur », p. 16, Bundesministerium für Ernährung und Landwirtschaft (BMEL) [ministère fédéral de l'Alimentation et de l'Agriculture], Berlin, avril 2016.
4. G. Piovesan et al., « Lessons from the wild : slow but increasing long-term growth allows for maximum longevity in European beech », *Ecology*, 100/9, septembre 2019, doi:10.1002/ecy.2737
5. A. Frühwald et al., *Holz – Rohstoff der Zukunft, nachhaltig verfügbar und umweltgerecht*, Munich et Bonn, DGfH e. V. et Holzabsatzfonds, coll. « Informationsdienst Holz : Holzbau handbuch », série 1, 3ᵉ partie, 2001, p. 2.
6. https://www.fnr.de/fileadmin/allgemein/pdf/broschueren/Handout_Rohstoffmonitoring_Holz_Web_neu.pdf
7. https://www.robinwood.de/blog/aktionstag-wilde-wälder-schützen---nicht-verfeuern
8. « Letter from scientists to the EU Parliament regarding forest biomass », 14 janvier 2018, https://plattform-wald-klima.de/wp-content/uploads/2018/11/Scientist-Letter-on-EU-Forest-Biomass.pdf

9. ClimWood2030, *Climate benefits of material substitution by forest biomass and harvested wood products: Perspective 2030*, Thünen Report 42, Hambourg, avril 2016, p. 106, https://www.thuenen.de/media/publikationen/thuenen-report/Thuenen_Report_42.pdf

10. «Klima: Der große Kohlenspeicher», Heinrich Böll Stiftung, 8 janvier 2015, https://www.boell.de/de/2015/01/08/klima-der-grosse-kohlenspeicher

11. *Literaturstudie zum Thema Wasserhaushalt und Forstwirtschaft*, Berlin, Öko-Institut e. V., 8 septembre 2020, p. 12.

12. C. Dean *et al.*, «The overlooked soil carbon under large, old trees», *Geoderma*, 376, 2020, 114541, doi:10.1016/j.geoderma.2020.114541

13. R. Soppa, «Waldbauern fordern 5% aus CO2-Abgabe als Anerkennung für die Klimaschutzleistung ihrer Wälder», https://www.forstpraxis.de/waldbauern-fordern-5-aus-co2-abgabe-als-anerkennung-fuer-die-klimaschutzleistung-ihrer-waelder/

À la caisse, s'il vous plaît

1. «Für diese Technologie will Elon Musk einen Millionenpreis vergeben», *Frankfurter Allgemeine Zeitung*, 22 janvier 2021, https://www.faz.net/aktuell/wirtschaft/co2-bindung-elon-musk-vergibt-preis-fuer-diese-technologie-17159260.html

2. «Carbon Capture and Storage», Umweltbundesamt, 15 janvier 2021, https://www.umweltbundesamt.de/themen/wasser/gewaesser/grundwasser/nutzung-belastungen/carbon-capture-storage#grundlegende-informationen

3. «VW-Chef Herbert Diess: "Ich wünsche mir eine höhere CO2-Steuer von der Politik"», *WiWo*, https://www.wiwo.de/unternehmen/industrie/autoindustrie-vw-chef-herbert-diess-ich-wuensche-mir-eine-hoehere-co2-steuer-von-der-politik/25467716.html

4. D. Ellison *et al.*, «Trees, forests and water: Cool insights for a hot world», *Global Environmental Change*, 43, 2017, p. 51-61, doi:10.1016/j.gloenvcha.2017.01.002

5. D. Eckert, «150.000.000.000.000 Dollar – der Wert des Waldes schlägt sogar den Aktienmarkt», *Die Welt*, 8 août 2020, https://www.welt.de/wirtschaft/article212771705/Neue-Studie-Waelder-der-Welt-sind-wertvoller-als-der-Aktienmarkt.html

L'argument du papier toilette

1. Communiqué de presse du ministère fédéral de l'Alimentation et de l'Agriculture, https://bonnsustainabilityportal.de/de/2012/09/bmelv-13-kubikmeter-holzverbrauch-pro-kopf-in-deutschland/
2. « Stickstoff im Wald », http://www.fawf.wald-rlp.de/fileadmin/website/fawfseiten/fawf/downloads/WSE/2016/2016_Stickstoff.pdf
3. S. Etzold *et al.*, « Nitrogen deposition is the most important environmental driver of growth of pure, even-aged and managed European forests », *Forest Ecology and Management*, 458, 117762, doi:10.1016/j.foreco.2019.117762

Plus d'argent... moins de forêt

1. https://www.bmel.de/DE/themen/wald/wald-in-deutschland/wald-trockenheit-klimawandel.html
2. https://de.statista.com/statistik/daten/studie/162378/umfrage/einschlagsmenge-an-fichtenstammholz-seit-1999/
3. https://www.aelf-ck.bayern.de/index.php
4. https://privatwald.fnr.de/foerderung#c39996
5. https://www.waldeigentuemer.de/verband/mitglieder/
6. https://www.abgeordnetenwatch.de/blog/nebentaetigkeiten/das-verdienen-die-abgeordneten-aus-dem-bundestag-nebenbei
7. https://www.waldeigentuemer.de/neustart-beim-insektenschutz/
8. https://www.fnr.de/fnr-struktur-aufgaben-lage/fachagentur-nachwachsende-rohstoffe-fnr
9. https://heizen.fnr.de/heizen-mit-holz/der-brennstoff-holz/
10. https://www.fnr.de/fnr-struktur-aufgaben-lage/fachagentur-nachwachsende-rohstoffe-fnr/mitglieder
11. Voir le journal *Ökotest* : « Derrière le label PEFC se cache un système de certification instauré par l'industrie forestière et les associations de propriétaires de forêts [...]. Il n'y a quasiment aucune organisation de protection de l'environnement qui soutienne le label PEFC. Le WWF, par exemple, juge le système de certification forestière "non crédible" », https://www.oekotest.de/freizeit-technik/Waldsterben-Was-jeder-einzelne-dagegen-tun-kann-_11401_1.html
12. https://www.bundeswaldpraemie.de/hintergrund
13. https://www.bundestag.de/mediathek?videoid=7481950&url=L21lZGlhdGhla292ZXJsYXk=&mod=mediathek#url=L21lZGlhdGhk

NOTES

Ghla292ZXJsYXk/dmlkZW9pZD03NDgxOTUwJnVybD1MMj
FsWkdsaGRHaGxhMjkyWlhKc11Yaz0mbW9kPW11ZGlhd
Ghlaw==&mod=mediathek

Intrigues en hauts lieux

1. Communiqué de presse de l'institut Max-Planck de biogéochimie du 10 février 2020, https://www.mpg.de/14452850/nachhaltige-wirtschaftswalder-ein-beitrag-zum-klimaschutz
2. «Waldschutz ist besser für Klima als Holznutzung: Studie des Max-Plancks-Instituts für Biogeochemie mehrfach widerlegt», communiqué de presse de l'École supérieure du développement durable à Eberswalde du 10 août 2020.
3. S. Luyssaert *et al.*, «Old-growth forests as global carbon sinks», *Nature*, 455, 11 septembre 2008, p. 213 et suiv.
4. https://www.bgc-jena.mpg.de/bgp/index.php/EmeritusEDS/EmeritusEDS
5. K. Verseck, «Holzmafia in Rumänien – Förster in Gefahr», *Spiegel* en ligne du 1er novembre 2019, https://www.spiegel.de/panorama/justiz/holzmafia-in-rumaenien-zwei-morde-an-foerstern-a-1294047.html
6. Nationalpark-Verwaltung Hainich (éd.), *Waldentwicklung im Nationalpark Hainich – Ergebnisse der ersten Wiederholung der Waldbiotopkartierung, Waldinventur und der Aufnahme der vegetationskundlichen Dauerbeobachtungsflächen*, coll. «Erforschen», 3, Bad Langensalza, 2012.
7. E. D. Schulze, C. A. Sierra, V. Egenolf, R. Woerdehoff, R. Irslinger, C. Baldamus, I. Stupak, H. Spellmann, «The climate change mitigation effect of bioenergy from sustainably managed forests in Central Europe», *GCB Bioenergy*, 12, 2020, p. 186-197, doi:10.1111/gcbb.12672
8. Le texte n'est plus disponible sur la page d'accueil de l'École supérieure d'Eberswalde, mais on se reportera au site de la Naturwald Akademie: https://naturwald-akademie.org/presse/pressemitteilungen/waldschutz-ist-besser-fuer-klima-als-holz-nutzung/
9. https://www.thuenen.de/media/ti/Ueber_uns/Das_Institut/2020-02_Thuenen_Flyer_dt.pdf
10. Entre autres, tweet du 8 septembre 2020. En 2021, le compte a été passé en mode «privé», https://twitter.com/BolteAnd

11. https://www.bmel.de/DE/ministerium/organisation/beiraete/waldpolitik-organisation.html

12. Communiqué de presse (entre-temps modifié) de l'HNEE, https://www.hnee.de/de/Aktuelles/Presseportal/Pressemitteilungen/Waldschutz-ist-besser-fr-das-Klima-als-die-Holznutzung-Diskussionsbeitrag-zur-Studie-des-Max-Planck-Instituts-fr-Biogeochemie-E10806.htm ; renvoi initial au comité scientifique consultatif dans le communiqué de presse sur le site de la Naturwald Akademie : https://naturwald-akademie.org/presse/pressemitteilungen/waldschutz-ist-besser-fuer-klima-als-holz-nutzung/

13. https://www.carpathia.org

14. P. Krishen, « Introduction », *The Hidden Life of Trees*, Delhi, Penguin Random House India, 2016.

15. M. Evers, « Wie ein Ölkonzern sein Wissen über den Klimawandel geheim hielt », *Spiegel* en ligne, 16 avril 2018, https://www.spiegel.de/spiegel/wie-shell-sein-wissen-ueber-den-klimawandel-geheim-hielt-a-1202889.html

16. Lettre ouverte à l'Union européenne, https://drive.google.com/file/d/0B9 HP_Rf4_eHtQUpyLVIzZE8zQWc/view

17. M. O'Brien, S. Bringezu, « What Is a Sustainable Level of Timber Consumption in the EU : Toward Global and EU Benchmarks for Sustainable Forest Use », *Sustainability*, 9 (5), mai 2017, p. 812, doi:10.3390/su9050812

18. https://de.statista.com/statistik/daten/studie/36202/umfrage/verbrauch-von-erdoel-in-europa/

19. Tribunal constitutionnel fédéral d'Allemagne, jugement du 31 mai 1990, *NVwZ*, 1991, p. 53.

20. BVerfG, arrêt du deuxième sénat du 12 mai 2009 – 2 BvR 743/01 –, Rn. 1-74.

21. Office fédéral de lutte contre les cartels, « Holzverkauf ist keine hoheitliche Aufgabe », https://www.bundeskartellamt.de/SharedDocs/Interviews/DE/Stuttgarter_Ztg_Holzverkauf.html

22. J. Schmidt, « Klage gegen NRW : Sägewerker aus Kreis Olpe machen mit », https://www.wp.de/staedte/kreis-olpe/klage-gegen-nrw-saegewerker-aus-kreis-olpe-machen-mit-id230970318.html

23. Plainte pour constitution de cartel contre le ministère des Bois et Forêts de la Rhénanie-Palatinat, Forstpraxis, 29 juin 2020, https://www.forstpraxis.de/kartellklage-gegen-forstministerium-rheinland-pfalz/

NOTES

Qu'y a-t-il dans votre assiette ?

1. Source : page d'accueil du Bundesinformationszentrum Landwirtschaft, le Centre fédéral d'information sur l'agriculture, https://www.landwirtschaft.de/landwirtschaft-verstehen/wie-arbeiten-foerster-und-pflanzenbauer/was-waechst-auf-deutschlands-feldern
2. «Der Ökowald als Baustein einer Klimaschutzstrategie», expertise réalisée pour le compte de Greenpeace e. V., https://www.greenpeace.de/sites/www.greenpeace.de/files/publications/20130527-klima-waldstudie.pdf
3. https://www.lwf.bayern.de/mam/cms04/service/dateien/mb-27-kohlenstoffspeicherung-2.pdf
4. Sélection de résultats du troisième inventaire fédéral des forêts, https://www.bundeswaldinventur.de/dritte-bundeswaldinventur-2012/rohstoffquelle-wald-holzvorrat-auf-rekordniveau/holzzuwachs-auf-hohem-niveau/
5. https://www.wiwo.de/technologie/green/methan-wie-rinder-dem-klima-schaden/19575014.html
6. https://albert-schweitzer-stiftung.de/aktuell/1-kg-rindfleisch
7. https://www.bmel-statistik.de/ernaehrung-fischerei/versorgungsbilanzen/fleisch/
8. https://www.umweltbundesamt.de/bild/treibhausgas-ausstoss-pro-kopf-in-deutschland-nach
9. https://www.epo.de/index.php?option=com_content&view=article&id=8430:ein-kilo-fleisch-so-klimaschaedlich-wie-1600-kilometer-autofahrt&catid=99:topnews&Itemid=100028
10. https://www.agrarheute.com/politik/niederlande-bieten-ausstiegspraemie-fuer-tierhalter-574652
11. Statistiques 2019 du ministère fédéral de l'Alimentation et de l'Agriculture, https://www.bmel-statistik.de/ernaehrung-fischerei/versorgungsbilanzen/fleisch/
12. «Gesetz über den Nationalpark Unteres Odertal», *Gesetz- und Verordnungsblatt für das Land Brandenburg*, Potsdam, 16 novembre 2006.
13. https://www.wisent-welt.de/artenschutz-projekt
14. «Ein 900 Kilo schweres Problem», *taz*, 24 mai 2020, https://taz.de/Wildtiere-im-Rothaargebirge/!5684424/

LA FORÊT DU FUTUR

Chaque arbre compte

1. F. Daudet *et al.*, «Experimental analysis of the role of water and carbon in tree stem diameter variations», *Journal of Experimental Botany*, 56/409, janv. 2005, p. 135-144, doi:10.1093/jxb/eri026

2. M. Zapater *et al.*, «Evidence of hydraulic lift in a young beech and oak mixed forest using 18 O soil water labelling», *Trees*, 25 (5), octobre 2011, p. 885-894, doi:10.1007/s00468-011-0563-9

3. T. E. Dawson, «Hydraulic lift and water use by plants: implications for water balance, performance and plant-plant interactions», *Oecologia*, 95, 1993, p. 565-574, doi:10.1007/BF00317442

Doit-on inclure tout le monde ?

1. G. Sperber, N. Panek, «Was Aldo Leopold sagen würde», dans *Der Holzweg*, Munich, oekom Verlag, 2021.

2. https://www.swr.de/swr2/wissen/waldschutz-nehmt-den-foerstern-den-wald-weg-100.html

3. Grüne Liga de Saxe et NUKLA ./. ville de Leipzig, arrêt du tribunal administratif supérieur de Bautzen du 9 juin 2020, https://www.grueneliga-sachsen.de/2020/06/gruene-liga-sachsen-und-nukla-stadt-leipzig-beschluss-des-ovg-bautzen-vom-9-6-2020/

4. Statistiques du Cluster de la forêt et du bois, tableaux pour le territoire fédéral et les Länder 2000-2013, *Thünen Working Paper*, 48, Hambourg, octobre 2015, p. 14.

5. Voir le film *La Vie secrète des arbres*, Constantin, janvier 2020.

Un vent nouveau

1. https://www.hs-rottenburg.net/aktuelles/aktuelle-meldungen/meldungen/aktuell/2021/gemeinsame-erklaerung/

NOTES

La forêt revient

1. T. Baier, M. Weiss, «Es ist nicht der Wald, der stirbt, es sind die Bäume», *Stuttgarter Zeitung*, 228, 2 octobre 2020, p. 36-37.
2. https://www.bmu.de/themen/natur-biologische-vielfalt-arten/naturschutz-biologische-vielfalt/gebietsschutz-und-vernetzung/natura-2000/
3. https://wildnisindeutschland.de/warum-wildnis/
4. «Symbiotic underground fungi disperse by wind, new study finds», communiqué de presse de l'université DePaul de Chicago, 7 juillet 2020.
5. O. Spörkel, «Überraschend hohe Anzahl an Pilzsporen in der Luft», Laborpraxis, https://www.laborpraxis.vogel.de/ueberraschend-hohe-anzahl-an-pilzsporen-in-der-luft-a-200852/

L'EXEMPLAIRE QUE VOUS TENEZ ENTRE LES MAINS
A ÉTÉ RENDU POSSIBLE GRÂCE AU TRAVAIL DE TOUTE UNE ÉQUIPE.

ÉDITION : Flore Gurrey
COUVERTURE : Éric Pillault
CONCEPTION GRAPHIQUE : Sara Deux
RÉVISION : Fabrice Émont, Isabelle Paccalet et Nathalie Reignier-Decruck
MISE EN PAGE : Soft Office
PHOTOGRAVURE : Les Caméléons
FABRICATION : Marie Baird-Smith
COMMERCIAL ET MARKETING : Pierre Bottura
COORDINATION : Jean-Baptiste Noailhat
RELATIONS LIBRAIRES ET RÉSEAUX SOCIAUX : Laura Darmon et Damien Nassar
PRESSE ET COMMUNICATION : Jérôme Lambert avec Axelle Vergeade
LES ARÈNES DU SAVOIR : Pierre Bottura avec Marc Blactot, Laura Darmon,
Adèle Hybre, Guillaume Lollier et Clémentine Malgras

RUE JACOB DIFFUSION : Élise Lacaze (direction), Katia Berry (grand Sud-Est),
François-Marie Bironneau (Nord et Est), Charlotte Jeunesse (Paris et région parisienne), Christelle Guilleminot (grand Sud-Ouest), Laure Sagot (grand Ouest), Diane Maretheu (coordination), Charlotte Knibiehly (ventes directes) et Camille Saunier (librairies spécialisées)

DISTRIBUTION : Interforum

DROITS FRANCE ET JURIDIQUE : Geoffroy Fauchier-Magnan et Bertille Comar
DROITS ÉTRANGERS : Sophie Langlais
ACCUEIL ET LIBRAIRIE : Laurence Zarra et Lucie Martino
ANIMATION : Sophie Quetteville
ENVOIS AUX JOURNALISTES ET LIBRAIRES : Vidal Ruiz Martinez
COMPTABILITÉ ET DROITS D'AUTEUR : Christelle Lemonnier,
Camille Breynaert et Christine Blaise
SERVICES GÉNÉRAUX : Isadora Monteiro Dos Reis

L'ensemble de cet ouvrage a été réalisé dans le respect des règles environnementales en vigueur. Il a été imprimé par un imprimeur certifié Imprim'vert, sur du Lac 2000 PEFC pour l'intérieur et une carte Crescendo PEFC pour la couverture.

Couvertures et bandes imprimées sur les presses de l'imprimerie Déjà Link à Stains (Seine-Saint-Denis).

Achevé d'imprimer sur les presses de l'imprimerie Bussières à Saint-Amand Montrond (Cher) en Mars 2022.

ISBN : 979-10-375-0613-9

Numéro d'impression : 2062193
Dépôt légal : Avril 2022